JN218197

はじめに

田畑の排水改善は、農家にとって古くて新しい課題です。適切な排水性を確保することは、畑地や水田転換畑での湿害防止、作業性の向上、水田でのイネの生育向上などにおいて基本となる技術ですが、近年では、気候変動の影響によってゲリラ豪雨や長雨などが頻発するようにもなり、その重要性がよりいっそう増してきています。また、水田転作・輪作においてムギ、ダイズ、野菜などの生産拡大も求められるなかで、それぞれの圃場に応じた排水対策が欠かせないものとなっています。

排水技術には、明渠や暗渠など圃場整備や土木に関わるものから、耕し方、土づくり、さらには緑肥の利用や輪作など、そのやり方は多岐にわたりますが、そのなかで本書では、もっとも基本的な排水技術である「縦穴掘り」「明渠」「暗渠」と、それらと関連する「大地の再生」について、全国の農家の現場での実践や研究成果を収めました。

「縦穴掘り」は、手軽で効果の高い排水技術として近年農家の間で関心が高まっています。オーガを使ったやり方とその効果を紹介します。

地表の水を逃がす基本的な排水技術が「明渠」です。本書ではその絶大な効果と、施工の際の注意点について紹介しています。これに対して、地下水を抜くのが「暗渠」で、とくに水田や水田転換畑で重要になる技術です。地下に管などを埋設するものから、近年ではトラクタで施工する弾丸暗渠などが普及してきました。本書では、これらの暗渠技術のほか、既存の暗渠のメンテ術も交えて紹介していきます。

「大地の再生」は、造園技師・矢野智徳さんが提唱する環境再生技術で、点穴や溝によって空気と水の流れを回復させる方法として全国に広まりを見せています。本書では、この実践を農業に応用した取り組みを収録しました。

現代の田畑の排水不良の解決に、本書をぜひご活用ください。

２０２４年３月

農山漁村文化協会編集局

図解 縦穴、明渠、暗渠
——それぞれの働きと使い分け

●編集部

同じ排水対策でも、
縦穴・明渠・暗渠の３つは、
役割がそれぞれ違う。
溢れ出る水を地表から流すか、
地下へと逃がすか。

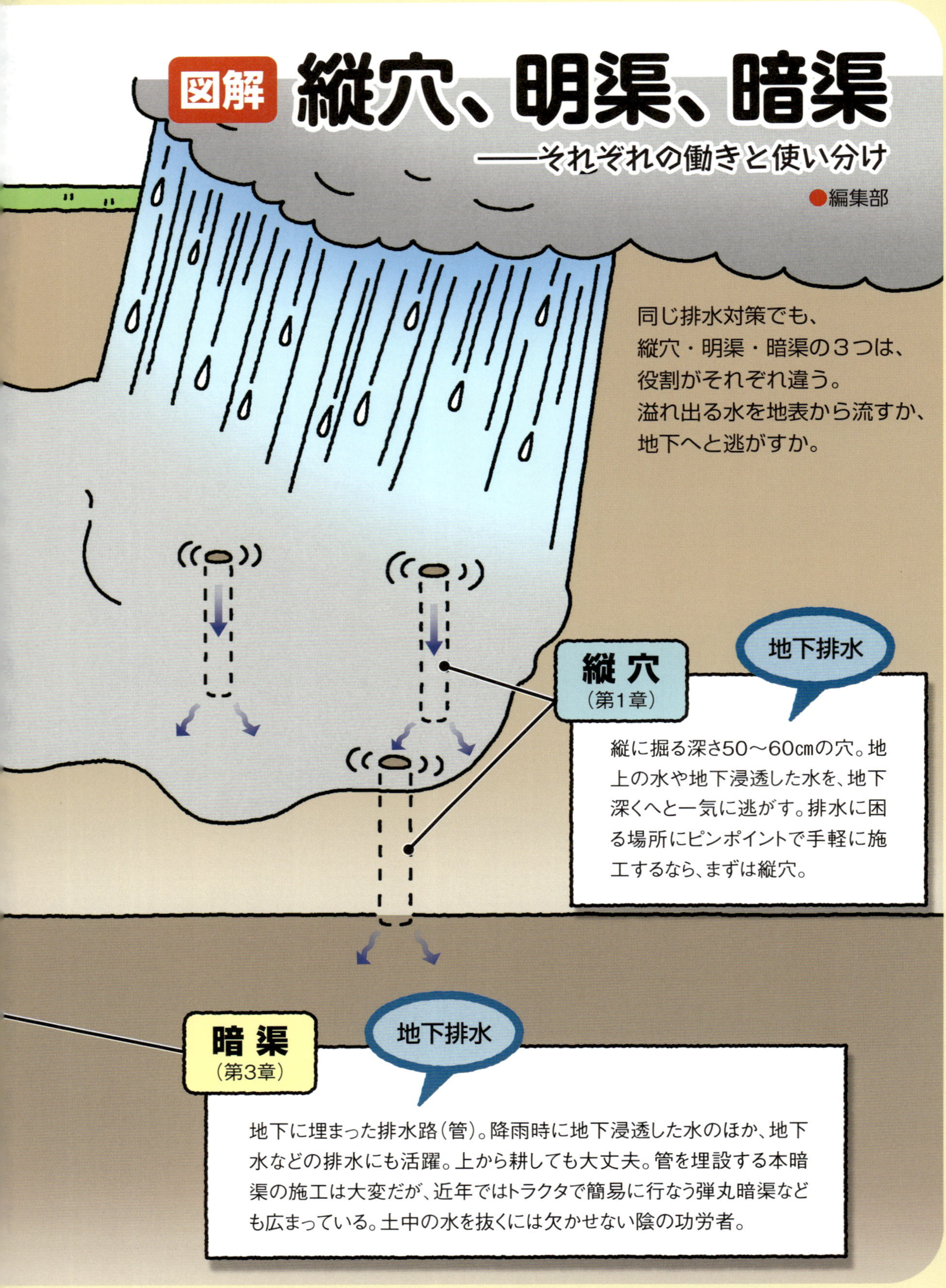

縦穴
（第1章）

地下排水

縦に掘る深さ50〜60㎝の穴。地上の水や地下浸透した水を、地下深くへと一気に逃がす。排水に困る場所にピンポイントで手軽に施工するなら、まずは縦穴。

暗渠
（第3章）

地下排水

地下に埋まった排水路（管）。降雨時に地下浸透した水のほか、地下水などの排水にも活躍。上から耕しても大丈夫。管を埋設する本暗渠の施工は大変だが、近年ではトラクタで簡易に行なう弾丸暗渠なども広まっている。土中の水を抜くには欠かせない陰の功労者。

渠とは何か

「渠」の訓読みの１つが「みぞ」。人工的に作られた水路を表わす。中国では古くから使われ、長安と黄河を結ぶ広通渠（584年）、黄河・淮水間の通済渠（605年）などの名が残る。日本でも土木業界では一般的で、明渠や暗渠を合わせて管渠、溝渠とも呼ぶ。

明渠
（第2章）

地表排水

地表にあり、上部が開け放たれた排水路。「開渠」とも呼ぶ。雨などで地表面を流れる水や、耕盤の上から漏れ出す水を受け止め、圃場の外へと流し出す。大雨後などの地表の水の排水には必須。

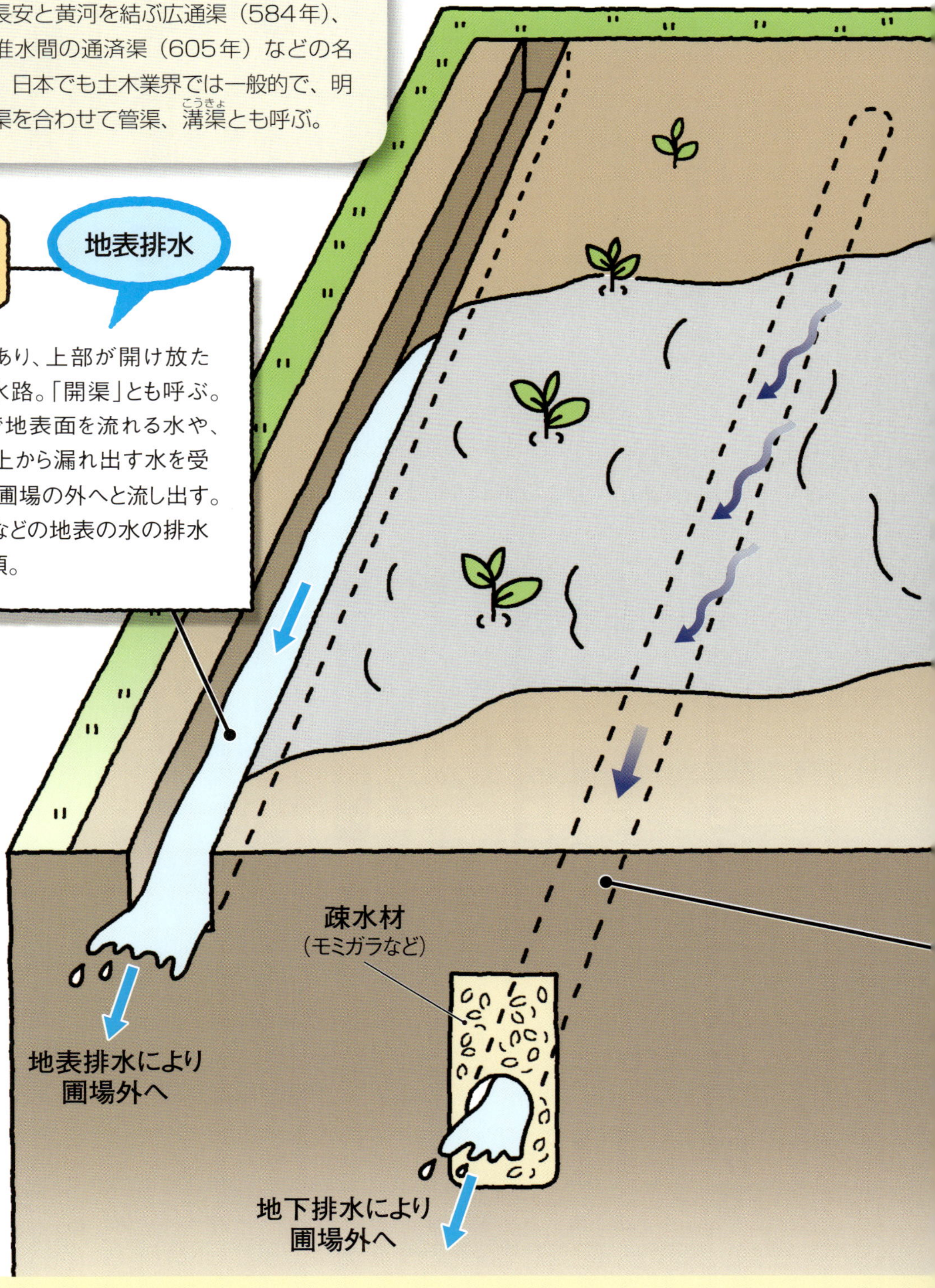

疎水材
（モミガラなど）

地表排水により
圃場外へ

地下排水により
圃場外へ

目次

第3章 暗渠で地下水を抜く

モミガラで暗渠

竹・木で暗渠

いろんな材料で暗渠

明渠・暗渠で劇的に変わる！

第4章 「大地の再生」で 空気と水を通す

取材時の動画がルーラル電子図書館でご覧になれます。「編集部取材ビデオ」から。
https://lib.ruralnet.or.jp/video

第1章

まずは縦穴で排水！

縦穴掘りとは？

●編集部

手軽に地下へ水を抜く

穴を掘るだけの排水対策。手軽に、困る場所だけピンポイントで改善できる。2021年3月号で特集したところ、大反響を呼んだ。

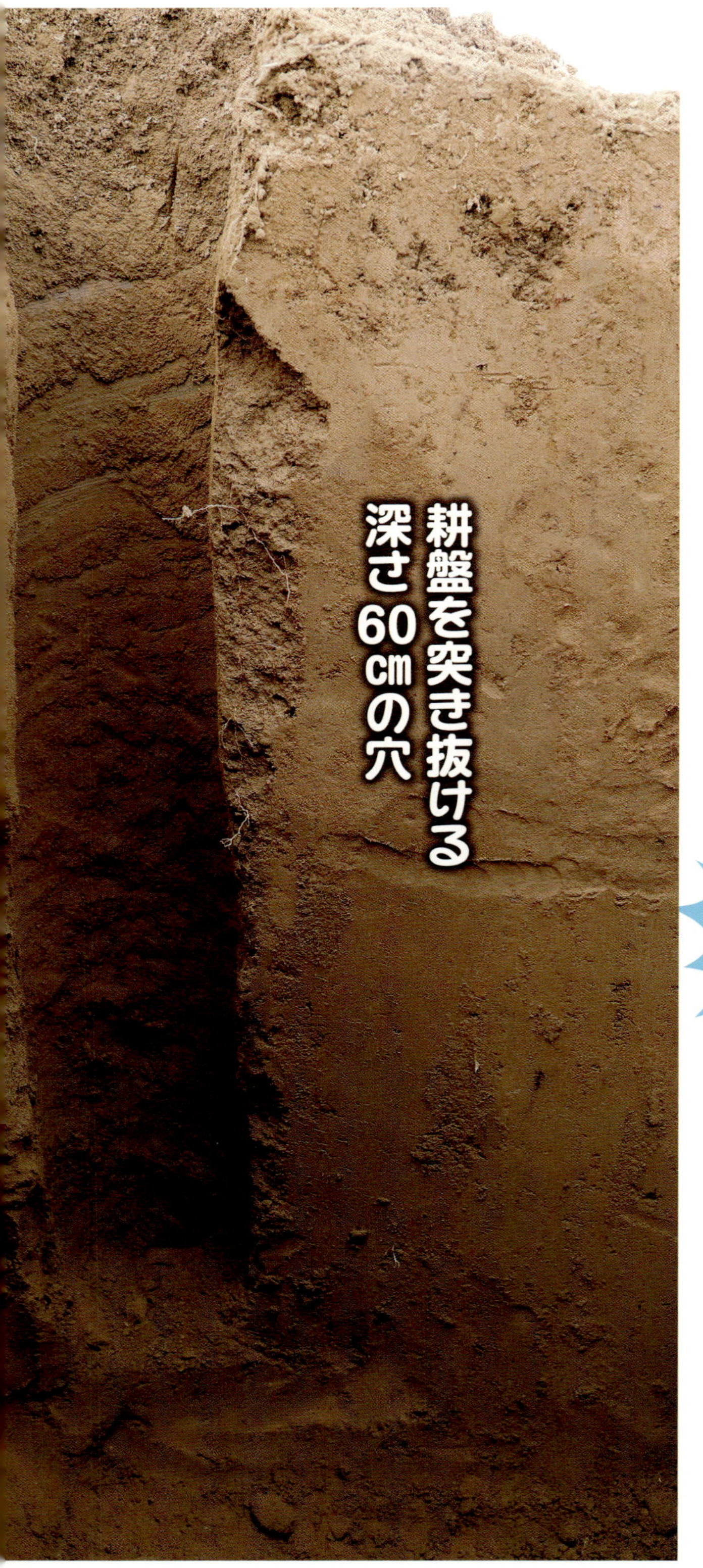

縦穴の断面図。直径は10㎝

これが
縦穴掘りだ

オーガを
使って掘る

オーガでの縦穴掘り（依田賢吾撮影、左も）

縦穴が抜群に効く理由

縦穴は、土中深層へのショートカット、近道だ。
通常、地表や地中の水は、ゆっくり下へ動いていくもの。
それを一気に数十㎝下まで動かして、土中下層へ逃がす。
地表面、土中の水のどちらにも効くから、
排水効率がものすごくよくなる。

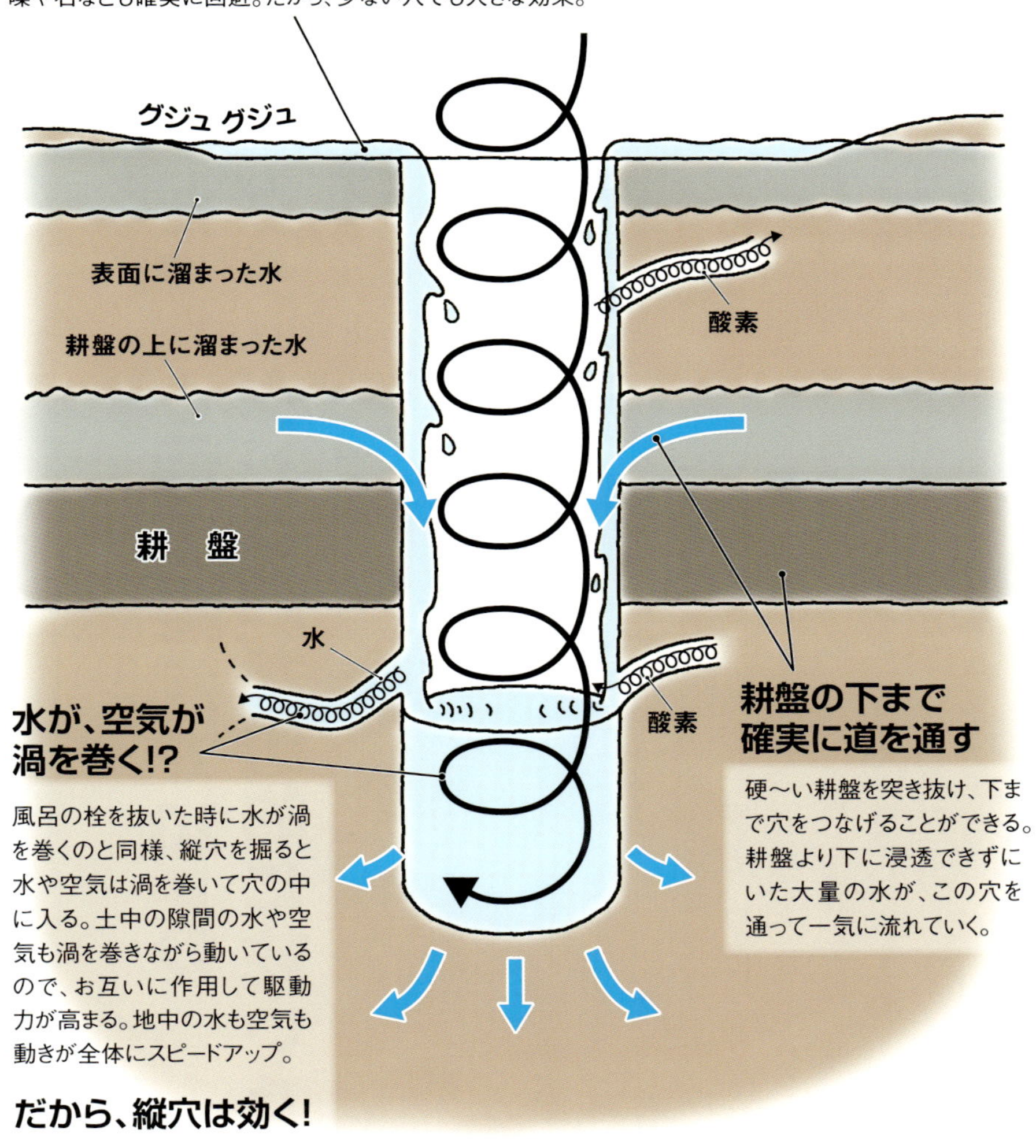

以前は水田だったニンジン畑。2020年、縦穴を掘る前の様子。雨が多いとアゼ際にいつまでもぬかるみが残り、ニンジンの生育も揃わない。そこでアゼ際に6個の縦穴を掘った（●の場所）

たった6個の縦穴で20aのグジュグジュ畑が劇的に乾いた

熊本県大津町●西本博文

ニンジン畑が浸水、結果は半作

農協に勤めつつ、自分でも農家として野菜などを育てている。2019年から元水田だった場所で秋冬ニンジンを20aつくり始めた。その年は8月15日以降に長雨があり、播種後のかん水をほとんどせずに済んだが、代わりに畑が浸水してしまった。東西の長さが100mある圃場で、とくに西側のアゼ周りの排水性が悪く浸水した。

そこで、トラクタで古い溝掘り機を引っ張って圃場内に水みちを作ってみたり、鍬を使って人力でぬかるんだあたりの土をさらってみたり、排水性の改善を試みた。しかし、ぬかるみが多く作業が大変だったこともあり、途中で断念。十分な効果は得られなかった。

排水性の悪さから、ニンジンの生育にも悪影響が出た。発芽した株が雨で流され、播種した70％程度しか残らなかった。また、ぬかるみの多い場所は9月に入って雨が落ち着いてからも、今度は丸く締め固まった土の塊がゴロゴロ残った状態になった。11月を過ぎてニンジンを収穫してみると、股割れや先端が潰れたものが多く、出荷できたのは播いたタネに対して50％という結果だった。

ヒントはハウスアスパラの縦穴暗渠

翌20年も何かしら対策をしようと考えた。そのとき思い出したのが、以前管内のアスパラガス農家の圃場で試した縦穴暗渠だ。その農家はハウスでアスパラガスを育てていたが、生育ムラに悩んでいた。一緒に圃場を調べてみると、ハウスの東西で排水性に大きな違いがあり、西側の土中に水が溜まっているとわかった。そこで対策としてエンジン式のオーガを使い、縦穴暗渠を掘ったのだ。

まずウネ間に深さ60㎝の穴を30㎝間隔で開け、中に充填材としてモミガラを詰めた。作業は1週間以上かかったが、27aのハウス全域に掘ったので、効果はてきめん。いつもウネ間に溜まっていた水がきれいに抜け、ぬかるみが消えた。その後、ウネの両側面にも縦穴暗渠を追加。すると排水性はますますよくなり、アスパラガスの生育ムラが見事になくなった（12ページ参照）。

縦穴の絶大な効果にビックリ

この縦穴暗渠を私のニンジン畑でもやってみようと、県の農業普及振興課からエンジン式のオーガと土壌診断で使う採土用のスコップを借り、播種10日後の8月18日に掘ってみた。

最初にオーガで掘ったが、硬い耕盤があったためか、あるいはオーガが整備不良だったためか、深さ30㎝ほどで全然掘り進められなくなった。しかたなくスコップで掘ることにしたが、土の硬さと夏場の暑さで作業は難航。結局、1時間以上かけて掘れたのは、深さ約60㎝の穴を南北のアゼ際に3カ所ずつ。穴の埋め戻しもできなかった。

しかし、その縦穴が予想以上の成果を上げた。9月中旬以降、雨がどんなに降ってもまったく水が溜まらない。たった6個の穴だけでこんなにも排水性が変わるのかと驚いた。逆に秋以降は雨があまり降らなかったため、干ばつに近い状態になり、ニンジンに乾燥害の影響が出るほどだった。縦穴暗渠は露地畑でも効果があることがよくわかった。圃場の排水性が悪いなら、試す価値は十分あると思う。

縦穴掘りに使った土壌診断に使われる採土用のスコップ

スコップの先。力いっぱい突き刺し、回転させてから引き上げると、土が掘り取れる

発芽が揃ったニンジン。排水性がよくなれば、股割れなどの奇形も減り、収量アップにつながる

縦穴暗渠でアスパラガスの生育ムラが解消

熊本県菊池市●安永昇平

ウネの両側面に縦穴暗渠を施工。直径10cmのドリル刃を使い、深さは約60cm。穴が埋め戻らないよう、掘り出した土は別の場所に移す

ハウスの東西で生育ムラ

実家の農業を手伝っている時に、農業の楽しさを感じ、就農を決意。２０１６年に夫婦で新規就農して、今年36歳になります。

翌年４月に、27aのハウスに、アスパラガスの苗を定植しました。圃場は前作にネギを栽培していた所で、暗渠はありませんが排水性は悪くなく、水源も近隣のダムの水を利用でき、条件は恵まれていました。

しかし、定植から約１カ月後、アスパラガスの生育にムラを感じ、ＪＡの職員に相談しました。職員と一緒に圃場を確認すると、ウネ間のぬかるみ具合などから、ハウスの東西で排水性が違うと気がつきました。ウネ間に埋め戻していた堆肥を一度掘り起こして調べてみると、ハウスの西側は土中に水が溜まっていることも確認できました。

最初はウネ間だけ施工

排水性を改善することで生育ムラの解消ができるかもしれないと、ＪＡ職員のアドバイスを受け、エンジン式オーガ（携帯式穴掘り機）でウネ間に縦穴を掘ることにしました。もともとは排水不良の水田転換畑の対策がヒントになっている手法で、定植したアスパラガスに影響を与えずに行なえると教えてもらいました（元になった研究は14ページ）。

オーガは購入すると１台10万円近くするそうですが、試験ということで県から借りることができました。ウネ間に深さ約60cmの縦穴を30cm間隔で開けていき、充填材として中にモミガラを

縦穴暗渠施工前のアスパラガスの生育ムラ

排水のいいハウス東側のアスパラガス（右）は、親株の草丈が1m以上に生育しているが、西側の親株は60㎝ほど。さらに50㎝未満の株もあり、排水性が原因で大きな生育差が出ていた

詰めました。

効果は確かにあり、ウネ間に溜まっていた水が抜けてぬかるみが減りました。しかし、ハウス東西での生育ムラは依然変わらず、東側は親株の丈が1m程度、西側は60cm未満と大きな差がありました。

ウネの両側面にも施工

そこで6月中旬、ウネの両側面にも縦穴を掘ってみようと考えました。試しに数カ所だけ縦穴を掘ってみると、中の土はドブ臭く、灰色の粘土状で、明らかに水が停滞して酸欠状態になっていることがわかりました。

やはり、この状況を改善することが必要だと考え、ハウス西側のすべてのウネの両側面に70cm間隔で縦穴を開けていきました。水の溜まり具合を確認できるようにと、穴の埋め戻しはしませんでしたが、作業は約1週間かかりました。

生育ムラが見事に解消

施工作業は苦労しましたが、効果はすぐに現われました。まず穴の中のドブ臭さが激減。圃場内もドブ臭さは一切なくなり、さらにアスパラガスの生ウネ間に開けた縦穴は、歩行の邪魔になるので、モミガラを詰めて穴をふさいだ。その後、徐々に穴はふさがっていくが、排水性は変わらない

育が早まりました。8月には東西での生育差がほぼ改善され、秋の養分転流期にはどの親株も十分に生長していました。

かん水後に縦穴を覗くと、いったん水が溜まりますが、30分程度で引いていく様子がわかります。ウネ間に水が溜まってぬかるむことが減ったため、非常に歩きやすく、台車の移動もスムーズで、作業性は格段に向上しました。

生育ムラが見られた時、来年ちゃんと出荷できるだろうかと不安を感じましたが、排水改善に取り組むことで、その不安が解消できたことが何より嬉しい。また、アスパラガス栽培では、たっぷり水をかけ、その水がしっかり排水されることが重要で、圃場の排水性が生育を大きく左右することを身に染みて感じました。なお、縦穴は翌年以降徐々にふさがってきましたが、今のところ圃場の排水性に変わりはないようです。

排水不良の水田転換畑

縦穴暗渠で排水改善

●編集部

高額な機械も工事も不要

12ページで紹介した安永昇平さんのアスパラハウスでの排水改善は、熊本県農業研究センターによる「排水不良水田の縦孔暗渠等による部分的な改善効果」の研究成果を応用したものだ。

この研究では、本暗渠や弾丸暗渠を施工したにもかかわらず、排水不良が見られる水田転換畑の対策として、縦穴暗渠

暗渠排水量の結果

試験区	暗渠からの排水量（㎥）			連続排水時間（時間）
	平均	最多	最少	平均
無処理	11.3	14.1	7.7	16
弾丸暗渠を2m間隔で施工	13.6	26.4	4.6	12
弾丸暗渠を2m間隔、縦穴暗渠を4m間隔で施工	15.9	25.2	5.0	10

※縦穴は本暗渠と弾丸暗渠の交差部に施行

の排水効果が調査された。この場合の排水不良の原因は、弾丸暗渠から本暗渠までの水みちの不足。それを左図のように縦穴を追加して本暗渠まで水を通すことで改善しようというものだ。

施工方法は、エンジン式オーガ（携帯式穴掘り機）を使い、深さ30㎝、直径10〜15㎝の穴を暗渠の疎水剤につながる深さまで開ける。穴はモミガラで充填する。上から押さえてしっかり詰め込むため、深さ30㎝の穴の場合必要な量は1㎏ほど。高額な機械や大規模な工事は必要ない。

水みち効果で排水が進む

試験では圃場に４ｍ間隔で縦穴暗渠を施工。その結果、本暗渠からの排水量が増加し、排水時間も短縮された。地表面に残った水が抜けて見えなくなるまでの時間は６時間以上短縮でき、排水改善の効果が見られた。

穴を掘る時は、無理に押し込もうとせずに機械の速度にあわせて行なうのがコツ。土中に礫（小石）があると当たった時にやや衝撃がある。また、掘る時よりも引き抜く時に力を要するので、腰を痛めないよう注意しながら作業する。モミガラの充填と埋め戻しまで入れても１穴５分程度でできる。

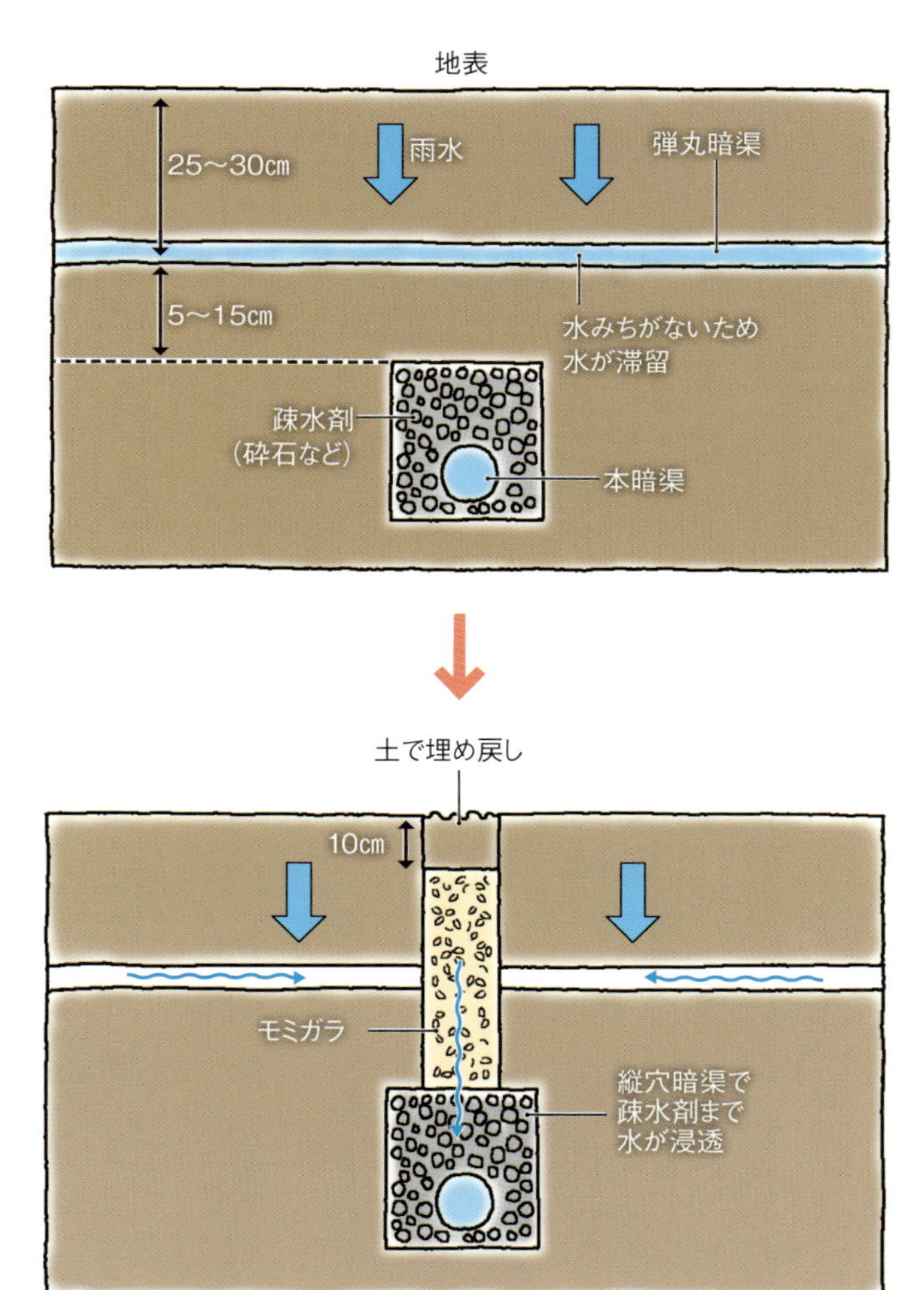

圃場を横から見た図

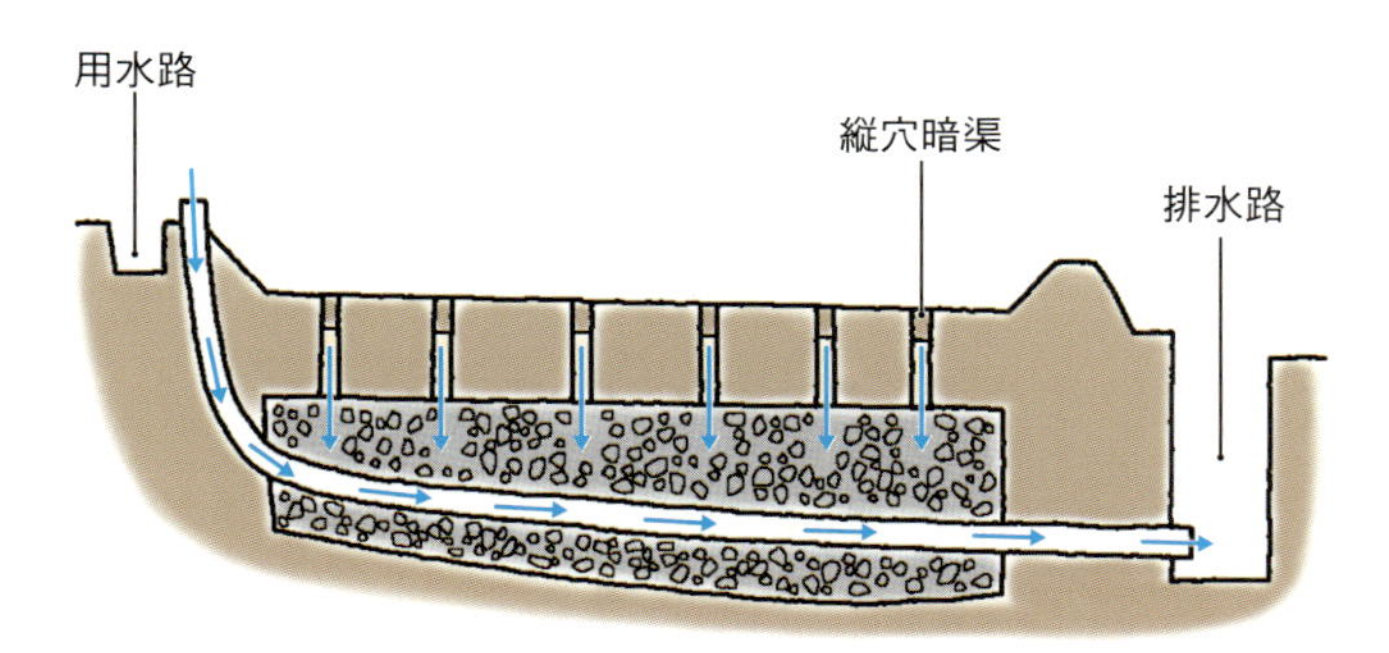

まるで風呂の栓を抜いたよう

ネギ畑がみるみる乾いた

鹿児島県志布志市●茂崎幸一郎

冠水で何度も涙を呑んだ

鹿児島県志布志市で白ネギを栽培し始め、17年になります。ネギは乾燥にはわりと強いのですが、酸素要求量がとても多く、湿害にはすこぶる弱い作物です。そのため、排水対策が最注意事項になります。

定植前には、サブソイラやプラウなどで、弾丸暗渠（65ページなど）や明渠を施工。長い圃場では、真ん中に基幹排水として大きな明渠を通すこともあります。ところが昨今の異常気象、とくにゲリラ豪雨など想定をはるかに上回る量の雨が降ると、それらの効力も落ちてしまいます。

圃場は土が締まりやすい場所が多く、水がなかなか引きません。こうした土では味のいいネギができますが、湿害やそのダメージからくる病害に気をつけねばなりません。

完全に冠水すると、ネギはみるみるうちに弱っていきます。もちろん水を抜いたり、消毒をしたりしますが、過去には対策が間に合わず、涙を呑んだことが何回も……。

勢いよく水が入っていった

「縦穴排水」を知ったのは、今年の春のことです。ネギ用資材の販売会社から、紹介されたのがきっかけでした。どうやら、『現代農業』2021年3月号を参照していたようです。

ちょうど今年の初めに、私はマキタのバッテリー式オーガ（ドリル式穴掘り機）を購入していました。そもそもの目的は、台風対策の防風ネットを設置する際、支柱（単管パイプ）の穴を開けること。パイプの太さである60㎜径のドリルで、深さ50㎝くらいの穴をラクに掘ることができます。これを縦穴排水にも応用できるかも、と考えました。

そして今年の6月、大雨後に畑を見回った際、圃場の隅で水が停滞しているのを見つけました。半信半疑でしたが、試しにオーガで掘ってみると……なんと、まるで風呂の栓を抜いたように、勢いよく水が穴に入っていきました。驚きました。

圃場が乾き、作業もはかどる

手応えを感じたので、枕地などを中心に、約2m間隔で規則的に穴を掘っていきました。機械がターンする箇所などは、轍ができてどうしても水溜ま

筆者（46歳）。夏ネギ20a、秋冬ネギ1ha、春ネギ20a。インスタグラムでも情報発信。オーガは本体とドリル1本で5万円ほど（バッテリーは別売り）

ネギ畑滞水時の応急処置

小型の穴掘り機でスポット対応

鳥取県農業試験場●船原みどり

耕盤には縦の水みちが効果的

水田転換畑ではアゼ際の額縁明渠の施工や、サブソイラによる心土破砕といった一般的な排水対策をしても、水が抜けない場所が残る圃場も多い。「滞水を確認した後に局所的に排水対策できないか」という声も多く聞く。

排水不良の要因の一つは、作土層の下の耕盤層形成だが、これには縦方向の水みちを作るという対策が効果的である。小型の機械で簡単に施工でき、栽培期間中でも処理できるため、小規模な農家でも導入しやすい技術だ。

水の溜まった枕地。水が集まるよう低く作っているが、溜まり続けるとウネ間に溢れてしまうため、ここを中心に縦穴を掘っている

りができやすいためです。水の溜まる場所があれば、ピンポイントで掘ることもあります。もともと締まりやすい土のため、とくにモミガラなどを詰めなくても、1カ月は穴の形が維持されていました。

縦穴掘りを始めてから、本当に、ちょっと驚くほど畑が乾くようになりました。地表面がすぐにカラカラになり、ひび割れてくることすらあります。今年8月は異例の長雨でしたが、ネギは耐え抜きました。乾きが早いと次の作業にも入りやすく、病気の予防にもなり、いいことずくめです。

縦穴排水のメリットは、手軽さと目に見える効果でしょうか。オーガが1本あればいろいろなことに使えるので、ぜひ皆さんにも試していただきたい。おすすめです。

局所排水6日後の土壌水分および無処理との比較

穴の深さ	穴掘りピッチ（間隔）	土壌水分（水分率%）	無処理との差
無処理	—	28.8	—
25cm	0.5mピッチ	28.1	−0.7
	1mピッチ	28.2	−0.6
	2mピッチ	28.8	0
	4mピッチ	28.8	0
50cm	0.5mピッチ	28.0	−0.8
	1mピッチ	28.2	−0.6
	2mピッチ	28.1	−0.7
	4mピッチ	28.2	−0.6

穴の深さ25cmの場合は1mピッチまで、50cmの場合は4mピッチまで0.6%の水分の低下が見られた

局所排水の具体的なやり方

●機械

携帯型穴掘り機（以下、穴掘り機）を使う。試験ではニッカリ社の製品を使用した。小型2サイクルエンジン（排気量33㎖）で、減速装置とハンドルなどが一体構造となった本体に穴掘りドリルがついていて重さは約9㎏。ドリルはスパイラル径60㎜、長さ68㎝。価格は7万～8万円。

白ネギに施工中の様子。
滞水後の対応も可能

穴にモミガラを入れ、
土でふさがらないようにする

●手順

①滞水している場所、もしくは滞水しがちな場所に、穴掘り機で耕盤層より深い位置までの縦穴を開ける。

②作業直後に穴にモミガラを地表面まで入れ、土による穴の閉塞を防ぐ。

局所排水で土壌水分が低下

実証試験として、白ネギ栽培を想定した1・3ｍ条間のウネ間に穴掘り処理を行なった。圃場の土質は重粘土で、深さ20㎝弱に耕盤層の形成が見られた。そこで、穴の深さは耕盤を貫通できる25㎝とその倍の50㎝の2通りの設定で試験した。また、穴のピッチ（間隔）も、0・5ｍ、1ｍ、2ｍ、4ｍの4通りの設定で試験した。

その結果、降雨後（6日）のウネ間の土壌水分は、無処理区と比べて穴の深さ25㎝では1ｍピッチの処理区まで、深さ50㎝では4ｍピッチの処理区まで約0・6％低下した。

この圃場の場合、土壌水分が約28％以下で耕耘・砕土が可能となる。穴掘りによる局所排水の効果によって、中耕や培土が可能になるまでの所要日数が短縮できたといえる。

また、ピッチ4ｍなら1ａに必要な穴掘りは20カ所で30分程度で施工できる。

作業のポイント、注意点

穴掘り作業の時に、石礫に当たった状態で無理に作業すると、ドリルが止まって本体が急回転して怪我をする危険がある。礫の多い圃場では、事前に棒などを挿して石がないことを確認するとよい。

さらに水が溜まっている状態での作業は、急激にドリルが貫入しやすく、抜き取りが難しくなるので、足場をしっかり確保しておくことが必要である。

なお、地下水位が高い条件や下層土の透水性が非常に小さい条件においての効果は明らかではない。また、穴掘り機を用いた局所排水は、鳥取県農業試験場で試験した成果（三谷ら）の一部で、従来の排水対策を補完する技術であり、当試験場は引き続き排水対策の研究に取り組んでいる。

縦穴掘りで、小ギクのセンチュウ害が防げた

長野県長野市●相沢耕市

相沢さんの畑。昨年9月に小ギクを定植。ウネを立てない生産者がほとんどだが、相沢さんは排水のために面倒でも立てている。収穫台車が通れるよう、ウネ間はかなり広め（写真はすべて依田賢吾撮影）

河川敷の砂が強い土。一見排水性はよさそうだが、雨の後はなかなか水が抜けない

耕盤ができてしまった

信州は長野市松代町に住んでいます。もともと農家ですが、私は会社勤めをして60歳で定年を迎え、その後5年ほど会社に通いつつ、だんだんと農業専業にシフトしました。

定年前、規模を拡大したいと考えて農協に相談し、千曲川沿いの20aの畑地を借りることができました。1年後、お盆出荷用の小ギクを栽培し始め、現在で6年になります。

以前は松代特産のナガイモを栽培していた場所でしたが、借りる前は長年の休耕で草地になっていました。私がトラクタで年に何度も雑草退治に入ったものですから、硬い耕盤ができてしまいました。

湿って収穫できない場所があった

技術指導員からは「小ギクの根は水に弱いので、排水対策をしっかりするように」と、常々言われていました。畑には多少の傾斜があるため、低いところにどうしても水が溜まります。その株は湿った状態となり、葉色は黒く、背丈も伸びず、いつも収穫できませんでした。

そこで3年前、ウネの先、傾斜の低いほうに、ウネと直角に明渠を掘り、ウネ間に溜まった雨水を逃がすようにしてみました。しかし、近年のゲリラ豪雨には太刀打ちできず、明渠から水が逆流。軟らかいウネ間に足を取られながらの収穫が続きました。一昨年の台風19号では畑が約60cm冠水し、植え付け間もない苗が水没。予備苗を補植しましたが、株数が大きく減ってしまいました。

オーガで耕盤を突き抜く

そんな状況を見てか、昨年2月、私の所属している花卉部会向けに、JA全農長野から「エンジンオーガによる排水対策の実演」の案内が来ました。さっそく参加すると、私の畑が実演圃場となりました。

実際にエンジンオーガで直径10cm、深さ60cmの穴を開けてみたところ、地

筆者（67歳）。春はアンズとウメ、夏には小ギク、秋には葉菜、冬に花木を栽培

長野で流行中
手持ち式エンジンオーガで縦穴掘り

長野県長野市●相沢耕一さん

今、長野県では縦穴が熱い！　ＪＡ全農長野がアスパラ圃場で縦穴排水の効果を実証。花卉圃場でも有効だとして、各地で講習会を実施しているのだ。いったい、どういう作業なのだろう。昨年11月末、前ページの相沢さんの畑を訪問し、本来5月の追肥の時にする縦穴掘りを特別に実演してもらった。

JAグリーン長野の花卉部会で購入したエンジンオーガ「AG400」（カーツ）。ドリル径20～150㎜に対応。部会員は1週間1000円でレンタルできる（すべて依田賢吾撮影）

ウネ両脇に穴を掘る

ブオオオオオ

1　穴掘り開始。垂直を保ちつつ、体重と力をかける。穴を開けるのはウネの両脇部分。本来は5月の追肥時にこの部分の土を株寄せし、低くなったところに穴を掘る

2　砂質ということもあり、ドリルはスルスル入っていく。それにつれ、ドリルの周囲には掘り出された土が盛り上がり、まるで噴火口のよう

表から15㎝ぐらいのところで硬い耕盤に当たり、これが雨水の浸透を妨げているのがよくわかりました。そこを突き抜けると、またラクに掘っていけます。

掘った穴にモミガラを入れ、棒で突いて詰め込んだらひと穴完成。穴の上部は開放したままです。余計な雨水はモミガラを詰めた穴を通って、地下へと浸透していきます。

これをひとウネの両側に2m間隔で開けていきます。ウネと直角に掘った明渠の底にも縦穴を掘ってモミガラを詰め、流れ込んだ雨水が早く浸透するようにしました。実際、雨水の引きは断然早くなりました。

センチュウ、影響なし

昨年は7月の収穫時期に日照がほぼ0日という異常気象。降雨による園地の湿潤も重なり、例年にはなかったキクの葉枯れセンチュウ病が各所で頻発したということです。

葉枯れセンチュウは、雨やかん水で濡れた茎葉表面の薄い水膜中を泳ぎ回り、葉の気孔から侵入。葉脈には、扇形や角形の比較的大型の病斑が現われます。病斑部はやがて褐色になり、さらに進むと病斑が全面に広がって枯死するそうです。

わが畑でも、一部の水はけの悪いところでセンチュウ害が見られましたが、販売への影響はありませんでした。オーガによる排水対策が功を奏したと考えています。

昨年、花卉部会でオーガを購入していただいたので、今年も利用したいと考えています。

確かに、掘っていると抵抗の強い部分がありました。硬い層を突き抜いたんですね

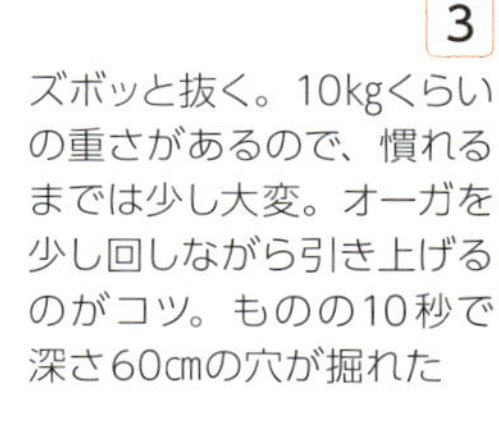

3
ズボッと抜く。10kgくらいの重さがあるので、慣れるまでは少し大変。オーガを少し回しながら引き上げるのがコツ。ものの10秒で深さ60㎝の穴が掘れた

4
穴にはモミガラを詰める。手箕から流し込み、支柱で中までみっちりと押し込んで完成。上に土は載せない

穴の断面を見てみる

一見、全体がのっぺりした砂質土壌に見えるが、断面を指で押してみると軟らかい層と硬い層があるのがわかる

穴はウネの両端に2mおきに掘る。これだけで排水性がよくなるのだからおもしろい。手で掘るには途方もない作業も、オーガならずんずん進む

取材時の動画が、ルーラル電子図書館でご覧になれます。
「編集部取材ビデオ」から。
http://lib.ruralnet.or.jp/video/

電動オーガもいい

縦穴、長野でさらに流行中！

長野県長野市●相沢耕市さん、阿部惣一さん

相沢耕市さん（右）と阿部惣一さん。
すぐご近所で、交流が多い（写真はすべて依田賢吾撮影）

『現代農業』２０２１年3月号では、長野での縦穴排水の流行っぷりを、余すところなく紹介した……つもりだった（20ページ）。ところがその後、試験場や生産部会などで穴掘り機を購入・貸し出しする事例が相次ぎ、地域の縦穴熱はよりいっそうの高まりを見せているという——。

静かでパワフルな「マイ」電動オーガ

「軽くてね、静かでしょ。エンジン式に比べて振動も少ないし……いいんですよ」

長野市松代町、丸ナスが鈴なりになった小さな畑で、相沢耕市さん（68歳）は語る。相沢さんは3月号の表紙にも登場したキク農家。２０２０年は長雨で周囲が湿気によるセンチュウ害に悩む中、事前に畑に縦穴を掘っていたため、被害はほとんど出なかった。

その際は指導機関が用意した実演用のエンジンオーガを使ったが、このたび、念願のマイオーガを手に入れたのだという。それも、ちょっとお高いバッテリー式の電動オーガなんだとか。

「エンジン式のものと同じくらいパワーもありますし、電池もぜんぜん減りません。1回充電しただけで、３００回くらいは掘れますよ」

相沢さん、普段は物静か。ここまで熱を入れて語るとは、マイオーガにぞっこんの様子だ。オーガを手に入れたタイミングもよかった。所属するＪＡグリーン長野の花卉部会では、今年エンジンオーガを購入してレンタルを始めた……が、予想以上の人気で、２カ

バッテリー式オーガとは

背負いのバッテリー。重量は4.9kg（オーガ本体は5.5kg）。専用充電器で4～5時間で充電できる

バッテリー式オーガ「e-pro AG-101」（カーツ社）。約30万円。音がすごく静か。ドリルは5㎝径と10㎝径の2本を所有

月先まで予約ギッチリなのだという。

「自分で持っていれば、好きなときにいろいろと使えます。植え穴を掘るときとか、フラワーネットの支柱立てにも。これまで手動の穴掘り機を使っていたので大変でしたが、オーガなら、5㎝径のドリルで掘って角材を数回打ち込むだけです。妻も気に入っちゃって、『私が掘る、私が掘る』って」

毎年しける畑……今年はカボチャが調子いい

ところで、相沢さんが立つこのナス畑、近所に住む阿部惣一さん（73歳）のもの。阿部さんも、縦穴の効果を実感した一人だ。相沢さんが表紙になった3月号を見て、すぐさま連絡。オーガを借り、直売野菜を育てるこの畑で実際に使ってみた。

「うちの畑はもともと田んぼだったりして、水が抜けにくくって、毎年しけっちゃってたんだよね。一昨年はジャガイモつくったんだけど、もうぜんぜんダメ。ピーマンなんかもダメだった」

これまでもスコップで畑周囲に溝を掘ったり、土を移動して水が流れるようにしたり、いろいろ対策してみたが、目に見える効果はなく、毎年湿害が出ていたという。しかし今年の春、縦穴をガンガン掘ってから植えてみたら……。

「いやぁ、カボチャもナスもしっかり育って、ホントに調子がいい。カボチャなんて、こんなに大きくなることないよ。確実に効果あったと思うね」

阿部さん、とにかく穴は多いほうがいいと考え、約1m間隔で「ダーッと掘った」という。その数、10m×4ウネほどの畑に40カ所以上。穴の中にはモミガラを詰め、その上から管理機をかけて、ウネを立ててたそうだ。

「上は土で埋まっちゃったけど、ちゃんと効いてるみたい。前より乾きが早いよ」

◇

「来年も相沢さんにオーガ借りて、もっと穴を多めに掘ってみるよ」

「じゃあ、秋のうちにモミガラ集めとかないと」

2人の穴掘りトークは続く。松代町では今年、「キクに続け」と、ユーカリ圃場での縦穴掘り実演会も開催された。みんな、縦穴掘りに夢中だ。

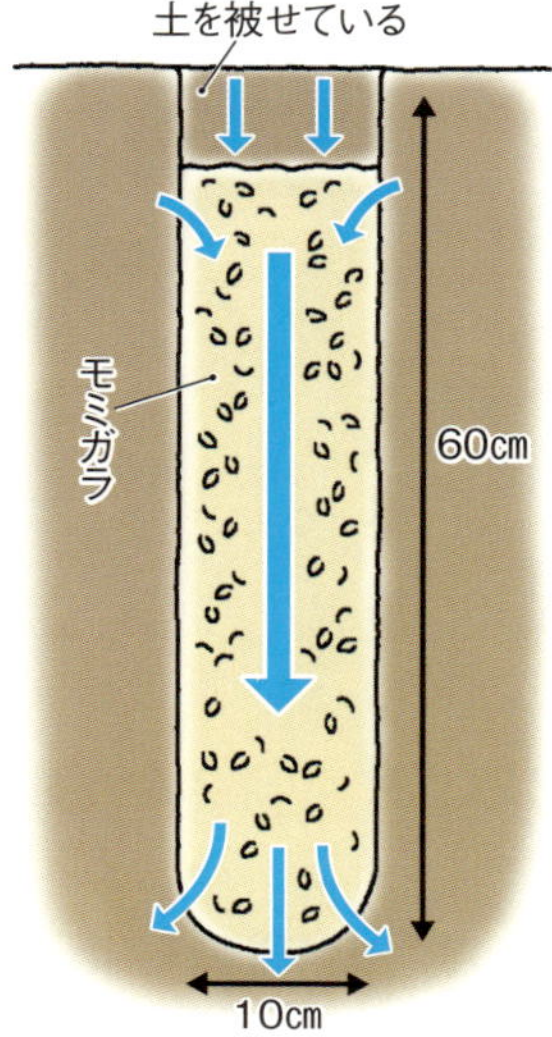

阿部さん流、上を埋める縦穴。一方、相沢さんの縦穴はモミガラを入れるだけ。上はそのままにしてある

掘った縦穴の底から水が湧く場所もあった。地下水位が高いと縦穴を掘っても水の逃げ場がなさそうだが、水や空気の流れが変わるのか不思議によく乾くようになるという

オーガの基本がわかる動画が、「ルーラル電子図書館」でご覧になれます。今回の取材の様子も収録。「編集部取材ビデオ」から。
http://lib.ruralnet.or.jp/video/

縦穴掘りを実演

ウネ間の防草シートの下に、掘れるだけ掘ったんだ

阿部さんのナス畑。硬い耕盤こそないものの、乾きの悪い畑だった。今年の4月末に縦穴を掘ったら排水がよくなった

排水対策のおかげで、今年はナスが鈴なり。直売所で販売している

あまりに石の多い圃場では、オーガは使いにくい。相沢さんも、山手にある一部の圃場では使えないという。

阿部さんの実演。石に引っ掛かったのか、上部が回り身体が振り回されてしまった。かなりのパワーがあるようだ

逆転にすると正転とはドリルが反対に回るので、引っ掛かった刃が戻って抜きやすくなる。もし刃が削れた場合は、刃先だけ交換が可能

逆転モードに切り替えて、オーガを引き上げた。逆転モードはバッテリー式オーガ特有の機能で、ドリルが引っ掛かった場合に有効

縦穴のおかげで、
今年は好調だ！

カボチャの「白爵」を持つ阿部さん。4つに切り分けて、直売所で売る

ダガーで穴開け、空気を注入

ブドウの秋根がビャーッと出る

岡山県新見市●田中隆正さん

ダガー（旧富士ロビン㈱。現在は中古品が流通）を使う田中隆正さん（74歳）。ブドウ80a。品種はおもにピオーネ。使っているのは1999年に集落で共同購入したもの（すべて佐藤和恵撮影）

ビャーッと根が出てくる

ダガーは空気式土壌改良機とも呼ばれる機械。エンジンをかけ、長さ約50cm、直径5cmの「杭」を地面に突き刺して縦穴を開ける。さらにその後スイッチを入れると、地中の杭の先端から圧縮された空気を出す仕組みだ。耕盤など硬い土を粉砕したり、地中に酸素を供給したりできる。

このダガーの効果を実感しているのが、ブドウを80a、80本栽培している田中隆正さん。

「ダガーを打つと、地中で根が切れて、そこからまた小さい根が、もうすげえ、ビャーッと出るんよ。それで肥料の吸収がようなるのよ」

空気を打ち込む威力は大きく、その穴の周辺、半径1mほどの土がガバッと一瞬浮き上がるほど。田中さんの場合は、ブドウの樹1本あたり、根元から1m以上離れた所の全体に10カ所、穴を開けて空気を打ち込む。

耕盤形成も防ぐ

ダガーを使うタイミングは秋。田中さんはブドウの収穫後、毎年まず元肥をまいて、根元以外の全面を管理機で耕耘する。

「ブドウの根が動かんようになって、樹に水が回らんようになったら腐葉土層や表層の根を切り混ぜる。だけどそれで耕せるのはせいぜい深さ10～15cm。ロータリしかやらずに放っておくと、その下の土が硬くなってしまって、根張りが悪くなるし耕盤もできる」

そこで2、3年に1度はダガーで穴を開けるようにしているのだ。

ダガーの杭の先端の空気の吐き出し口。圧縮された空気を噴射する

「樹の周りに溝を掘る条溝深耕をして堆肥や肥料を入れていたこともあったが、棚の下で小さなバックホーを使うのはなかなか大変。いまはもっぱらダガー」

田中さんの地域では、毎年、山で大量の落ち葉を集めてロールにして運び、5月の連休頃に畑にまく（2017年12月号）。秋になると畑の落ち葉は土になじんでくるが、さらにロータリやダガーを入れることで、早く堆肥化する効果もあると、田中さんは考えている。

集落で共同購入

ところで田中さんが使っているダガーは、1999年に集落で共同購入したものだ。ブドウ農家は19戸でダガーは3台ある。普段は共同倉庫に置いておき、使うときは軽トラに載せて運ぶ。

「なかにはこのダガーでも面倒だからとやらんもんもおるが、やっぱりブドウの出来が全然違うのよ。絶対やったほうがいい」

一連の土づくりのおかげで、田中さんは長年、1200万円以上の売り上げを毎年達成している。

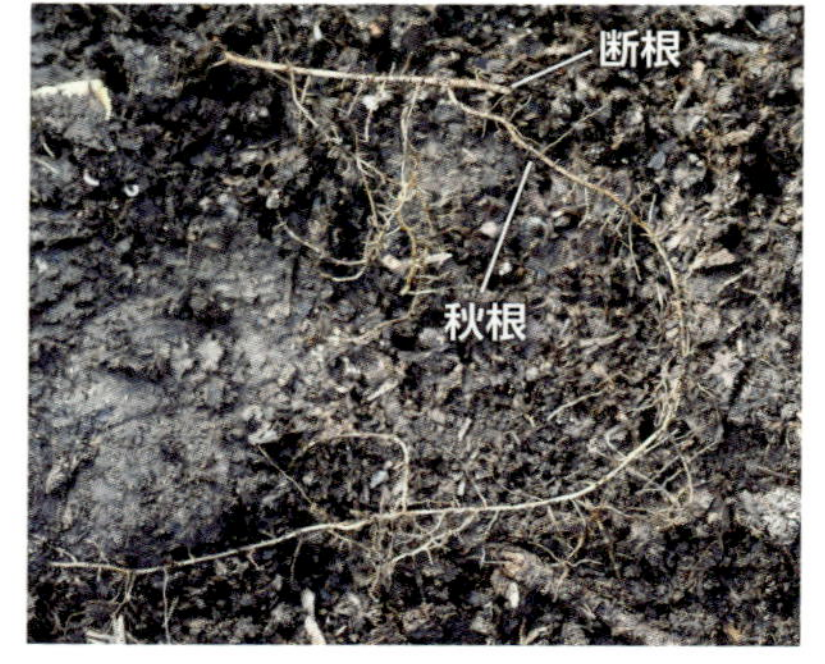

土をかき分けると、耕耘して切られた根から、新しい細い「秋根（あきね）」が出てきた。ダガーを使えばもっと深いところの根も切れて、同様に秋根が出る

サツマイモ基腐病対策にも縦穴

●編集部

縦穴の有無による排水性の違い

（鹿児島県南薩地域振興局「令和元年度南薩地域の実証結果について」より）

縦穴はエンジンオーガで掘り、モミガラを充填したもの

サツマイモ基腐病が全国的に猛威をふるっている。対策せずに同じ場所でつくり続ければ、収穫が皆無になってしまう恐ろしい病気だ。

病原である糸状菌は、罹患株の上で胞子を形成し、雨水や圃場表面に溜まった水を通して別の個体に感染。どんどん広がっていく。だから、感染拡大を防ぐために最も重要なのが、排水対策といわれている。しかし、明渠などを掘ろうと思っても、土地条件や労力的な問題で、なかなかできないことも多いようだ。

そこで、より手軽な対策となるのが、そう、縦穴排水だ。国内生産量の約35％を占めるサツマイモ主産地で、基腐病の激発地でもある鹿児島県は、県のホームページ上でオーガでの縦穴掘りを紹介している（上写真）。キャッチコピーは「穴掘って、地下に流そう水たまり!!」だ。

トラクタ装着型のオーガを使い、点穴を掘る筆者（62歳）。オーガ（ホールディガーSHS-15、斎藤農機製作所）は約35万円

以前使っていた手持ち式のオーガ（2サイクルエンジン）。掘るのも抜くのも大変だった

田んぼの枕地・四隅に縦穴を開けてみた

滋賀県野洲市●中道唯幸

枕地にサブソイラはかけられない

サブソイラは土壌の排水性を劇的に改善し、還元層（酸素のない青い土層）を根が元気づく酸化層にしてくれる。水田での転作作物などで、おなじみの作業機ですね。

僕の田んぼはトラクタやコンバインによる長年の踏圧で、地下35～40cmに硬い不透水層ができているところが多い。減水深は1日1cm程度しかなく、イネの根に酸素を供給するのに必要な2～3cmの減水深が確保できていませんでした。これでは、田んぼといえど水が腐ってしまうため、積極的にサブソイラをかけています。

ところが、水田の枕地や四隅にサブソイラをかけてしまうと、田植え機や除草機などがターンする際、細いタイヤが溝にハマり込んでしまいます。そのため、長年枕地は排水性を改善できずにいたのです。

点穴で生育が改善

3年前、自然栽培の勉強会で、造園技術の一つである「縦穴」が、水田でも大きな効果を持つことを学びました。たとえ細い穴でも、気圧によって水や空気が横移動するため、還元層の酸化が進むそうです。

点穴を掘るだけなので、細いタイヤがハマり込む心配もなく、枕地や四隅でも応用可能。さっそくやってみると、縦穴から雨水が抜けていくため、枕地の乾きが劇的に改善。以前はサブソイラをかけた圃場中央だけ乾きが早かったのですが、同じくらい乾くようになりました。

以前、枕地ではイネの根張りが悪く、生育が悪くなりがちでしたが、酸素が届くことで圃場全体で育ちが揃うようになりました。また、地表がしっかり乾くことで、機械作業時のタイヤによる土の荒れも収まりました。

ラクラク！ トラクタ装着型

しかし、問題もありました。当初の点穴掘りには、人が手で持つ穴掘りオーガを使っていたのですが、回転に伴う反発力を人力で支えるのは、大変な重労働だったのです。作業を担当するスタッフからも、改善を要望されていました。

1年前、インターネットで改善策を探っていた際、トラクタ装着型の果樹施肥用オーガを発見！ 土木用のオーガと比べて価格も手頃だったので、即注文して早々に作業を始めました。これが大正解。担当スタッフが笑顔に変わりました。トラクタに座ったままレバーを上下するだけで、穴を掘ることができるのです。

3〜5m間隔で点穴を開ける

枕地や四隅の水はけが悪い所で、3〜5m間隔、深さ50〜60cmの穴を開けていきます。サブソイラをかけづらい軟弱圃場などでは、枕地だけでなく、圃場全体に穴を配置することもあります。注意点は、用水や暗渠のパイプを傷つけないよう、事前に埋設位置を把握しておくことです。

これまでは15cm径のオーガを使っていましたが、耕耘などの作業のたびに、縦穴は埋まっていきます。そこで今年、30cm径のトラクタ用オーガを購入しました。現在、これを使って簡易な縦穴暗渠を施工しようと計画しています（左図）。30cm径の縦穴の真ん中に暗渠パイプを縦向きに立てて、その周りを山砂で埋めるのです。こうしておけば、水稲作付け期間中の減水深増加効果を、より長く維持できると考えています。

筆者のオーガ・サブソイラのかけ方

圃場内部には約2mおきに細かくサブソイラをかけ、外周に点穴を開ける。枕地には2列ほどの穴を開けている

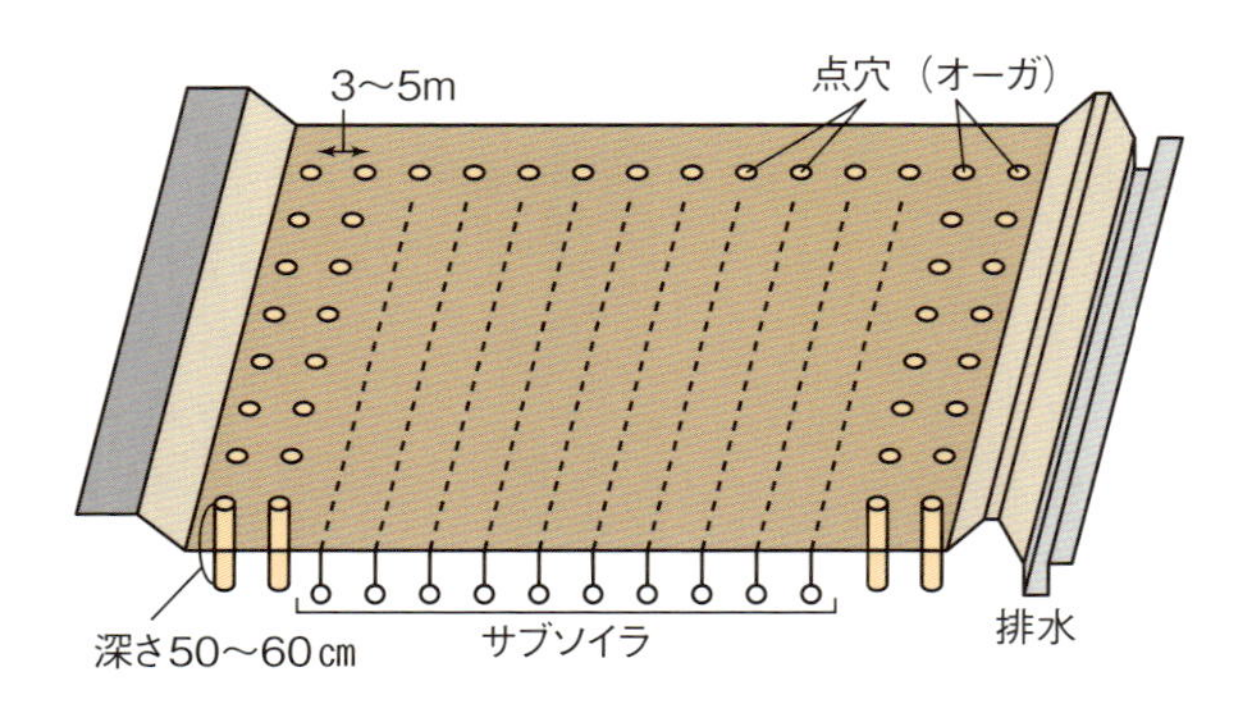

新たに買った30cm径のオーガ（右）。60〜80cmの深さまで掘れるように改良予定。左は従来の15cm径のオーガ

考案中の縦穴暗渠

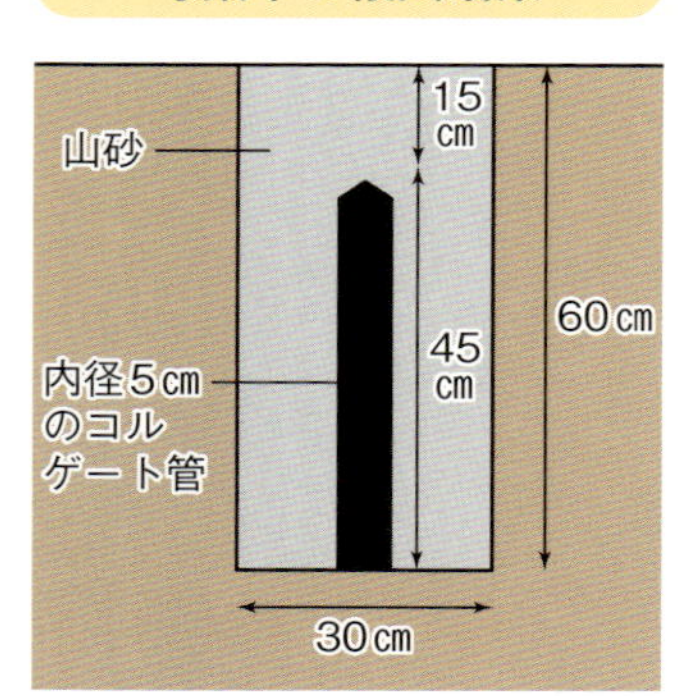

コルゲート管の上部をふさぎ、砂が入らないようにする予定

圃場内部にはサブソイラ

圃場の内部では、枕地と平行に細かくサブソイラで弾丸暗渠を入れる。耕盤を破り水の縦浸透を促進することで、排水性やイネの生育が段違いによくなる（中道さんは畑作物は育てていない）。

田んぼの枕地にも縦穴 トラクタ装着式のオーガでラクラク排水改善

滋賀県野洲市●中道唯幸さん

サブソイラの2本の爪（弾丸暗渠用の穿孔器装着）を深さ50㎝ほど入れ、100馬力近いトラクタで引っ張る。土がカラカラに乾いていないと効果は薄い（写真はすべて依田賢吾撮影）

作業後の圃場。弾丸暗渠は約2mおきと、とても細かく入れる。爪の位置は独自に調整し、田植え機の両輪が同時に溝にハマらない幅にしている

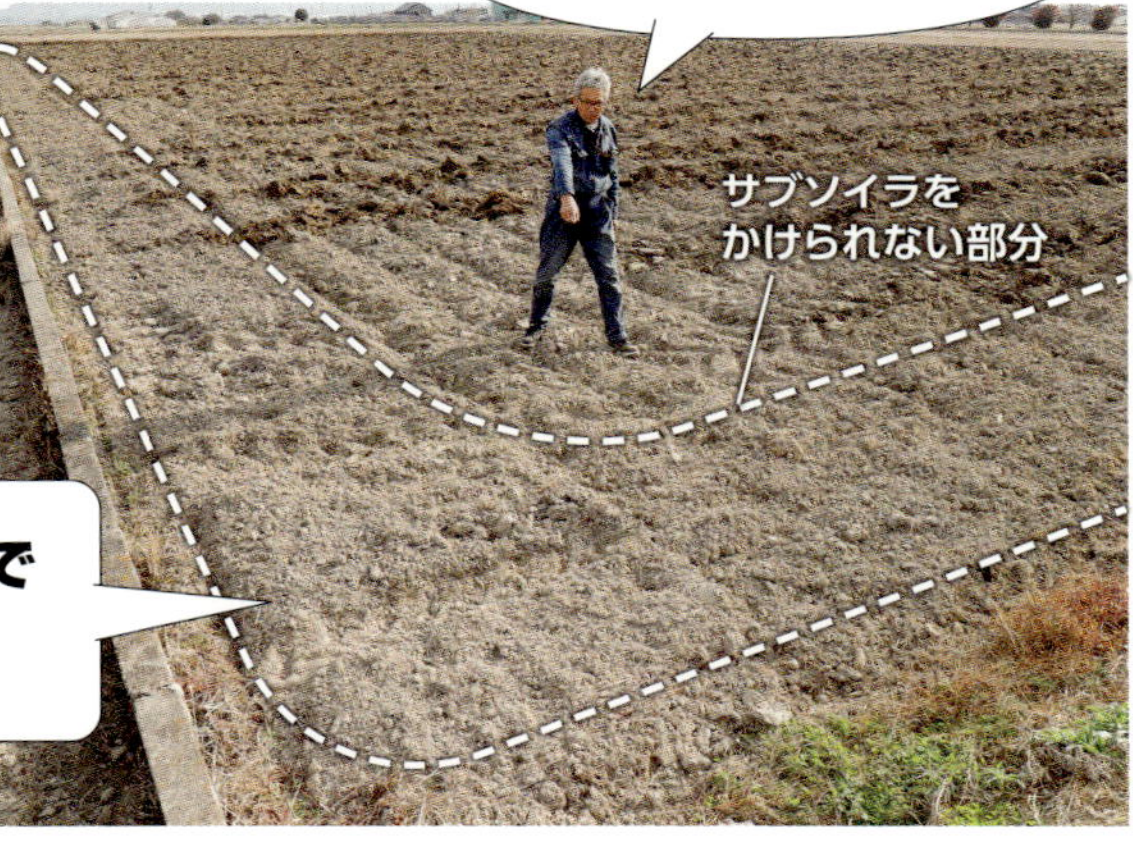

機械が旋回する圃場の枕地や四隅には、サブソイラで溝を作ることができない。ここでオーガが活躍する

中道唯幸さんは、4年ほど前から田んぼでの穴掘り作業に夢中だ。2年前にはトラクタ装着式のオーガを購入し、秋〜冬の間掘りまくっている（2020年12月号）。といっても、趣味ではない。イネの生育改善というちゃんとした目的がある。

砂が強い中道さんの田んぼだが、大型トラクタが入ることもあって、ひどい耕盤ができている。水が下にほとんど抜けないため、秋に圃場が乾かないだけでなく、還元状態となった土壌がイネの根に悪影響を与え、栽培管理や生育を妨げていた。

サブソイラで弾丸暗渠を入れることで、田んぼ内部の排水性は改善し、イネの生育は見違えるほどよくなった。だが、田植え作業などを考えると、外周部分にサブソイラは入れられず、水が抜けにくいままだった。それを解決してくれたのが、オーガで掘る縦穴というわけだ。

これがトラクタ装着式のオーガだ

オーガ「SHS-15」（斎藤農機製作所、15㎝径ドリル付きで約35万円）は、果樹のタコツボ施肥や植え穴開けなどが本来の用途。中道さんは21馬力のトラクタに、PTO三点リンクでつなげて使っている。

ドリルの上にはウエイト（重し）を合計80kgほど取り付け、硬い土壌での掘削性を高めている

交換用の刃は、板状の鉄鋼から高速切断機で切り出して自作。価格は純正品の5分の1以下

径の違う二つのドリル。30㎝径は今回新たに購入（ドリルのみで約9万円、刃は別売り）

反対にも刃がある

消耗品の刃

ドリルの先。3枚ある刃は消耗品で、中道さんはすべて自作している。ちなみに純正品は1セット1万3000円ほど（15㎝径の場合）

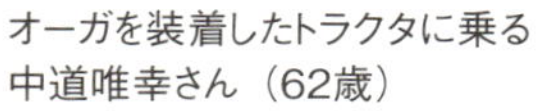

オーガを装着したトラクタに乗る中道唯幸さん（62歳）

深さ60cmの穴を次々と掘る

いよいよ穴掘りだ。穴のおかげで、圃場の外周や枕地が圃場内部と同じくらい乾くようになり、生育や作業性が大改善した。サブソイラと違い、多少田んぼが湿っていても作業できる。

エンジン回転数：1500
PTOは最低

油圧レバー（作業機位置）をめいっぱい下げておけば、あとは手元の電子アップレバー（ターン時に作業機を上げるためのレバー）の操作だけで穴が掘れる

ドリルがスルスルと入り、掘り出された土が周囲に出てきた。最初は明るい色の作土

座ったままラクラク穴掘り。「ラクすぎて冬場は寒いぐらい」と中道さん。穴1つ掘るのにかかる時間は30秒ほど

掘り進むと、深い位置にある暗い色の土壌が出てきた。「深さ30 ～ 35cm辺りに耕盤がある」と中道さん

暗渠を入れる穴を掘る。今回は30㎝径のドリルを使う。15㎝径と遜色ないスピードで掘り下げていく

穴の中央にコルゲート管を入れる。穴の深さが65㎝ほどあるので、地表面から管の先までは20㎝程度。これなら、ロータリをかけても当たらない

ドリルがなかなか入らず、体重をかける中道さん。ここに耕盤があるとわかる。この層を突き抜けると、またスルスル入っていく

同じ穴から出てきた2種類の土。「右は酸素がない耕盤の土やね。左は若干明るいから、酸素があるんと違うかな。耕盤の下では、空気と水が動いてるんかもしれんね」と、中道さん

枕地掘り完了。長さ50mの範囲に2列、約2～3mおきに30個ほどの穴を掘った。穴には何も詰めず、掘りっ放しにする

縦穴暗渠で効果が長持ち!?

今回、新たに縦穴暗渠の施工にチャレンジ。単なる穴だと、代かき後にだんだん埋まっていってしまう。埋まっても、耕盤を突き抜いた効果はしばらく持つが、暗渠で半永久的な穴にすることで、効果をより長く、大きくする作戦だ。

穴があったら入りたくなるのが人情か!?

山砂を詰めて、暗渠を埋めてしまう

完成。ただし、コルゲート管は深耕時などにゴミとなる可能性があるので、代わりに疎水材として炭を埋める方法も検討中。施工場所は、やはり枕地や外周部分を想定している

使うのは5㎝径のコルゲート管（有孔、長さ4mで1000円ほど）。45㎝ほどの長さに切り、目詰まりを防ぐため、左のように寒冷紗で周りを包む

取材時に撮影した動画がルーラル電子図書館でご覧になれます。
「編集部取材ビデオ」から。
http://lib.ruralnet.or.jp/video/

トルコギキョウハウスの
排水が劇的改善

地下水くみ出し用の「井戸」

岡山県浅口市●中嶋睦男さん

地下水位が
かん水の目安に
もなるんよ

ハウスの隅に掘った井戸

以前、強風が吹いても「ロープだけでビクともしなくなる」ハウスを紹介してくれた中嶋睦男さん（2012年11月号）。カスミソウとトルコギキョウをつくるそのハウス、じつは風だけではなく、雨にも強い。

「前は、3日も雨が続けばウネ間にズブズブ水が溜まったんよ」

自宅前に建てたハウスは、すぐ隣が住宅だ。ひとたび大雨が降ると、自宅と隣家に降った雨が流れて、ハウスの地下水を押し上げる。

そこで10年前に取りつけたのが、上の写真の「井戸」だ。水が入り込んでくるハウスの北と東側に暗渠を入れて、その交わる場所に土管を埋めた。井戸を覗くと、地下水の水位が目で見えるのだ。雨が続いて地下水位が上

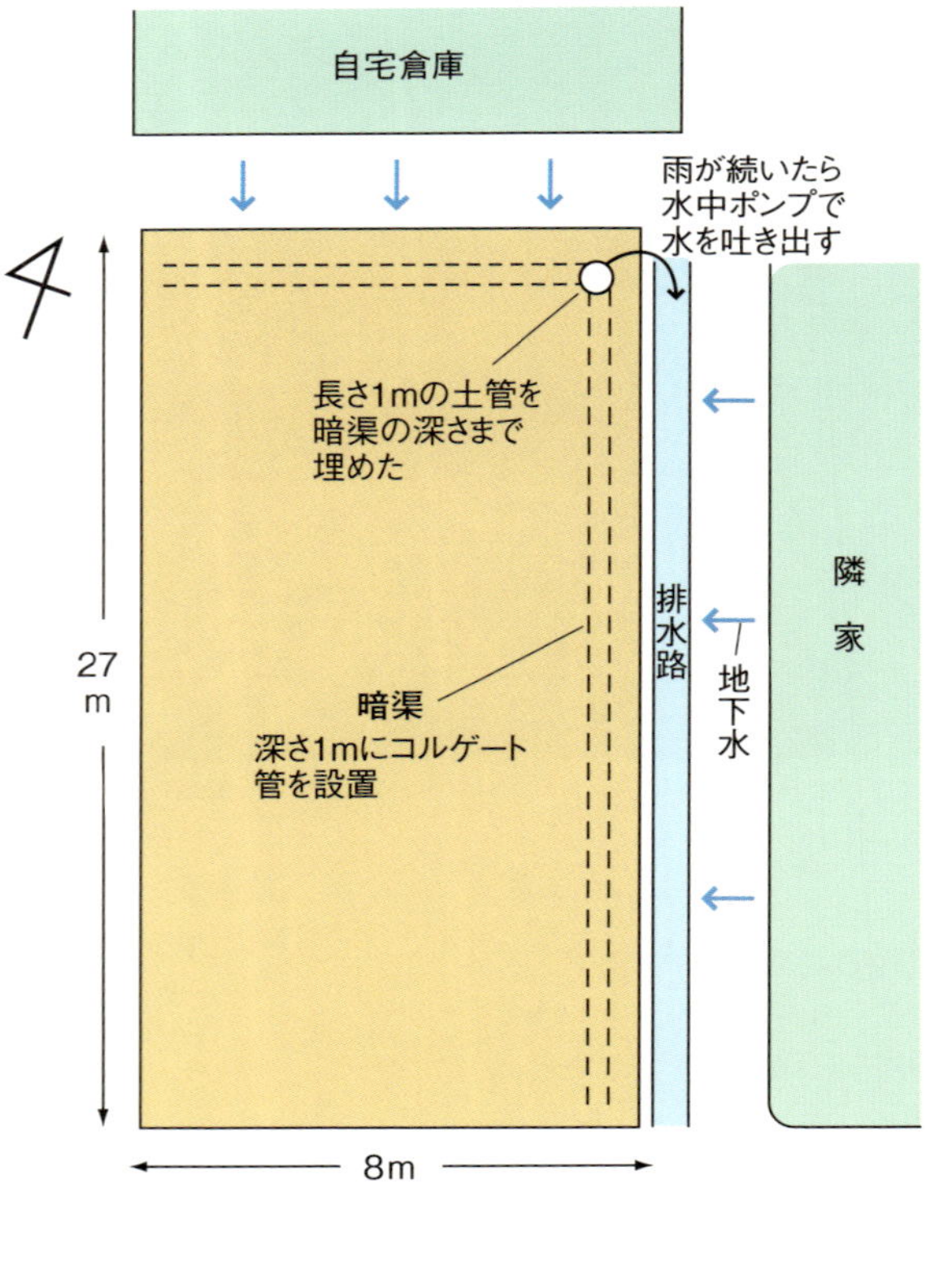

がってきたら、井戸に水中ポンプを入れて、ハウス内の地下水を外に吐き出せるようになっている。

「雨が降ったら2日目の夜からポンプを回す。おかげで、ウネが水浸しになるようなことはなくなった」

3月1日に定植するトルコギキョウは、花芽分化が梅雨時期に当たる。この時期に水をしっかりきれる中嶋さんのトルコは、チップバーンも出ないし日持ちもいい。

排水不良畑に縦暗渠

北海道音更町●菊池雅宏さん

排水性が悪い2haの畑に掘った縦暗渠と排水升（濾過槽）。排水升には畑の表面水と一緒に泥が流れ込むため、中に溜まった泥を時々かき出す

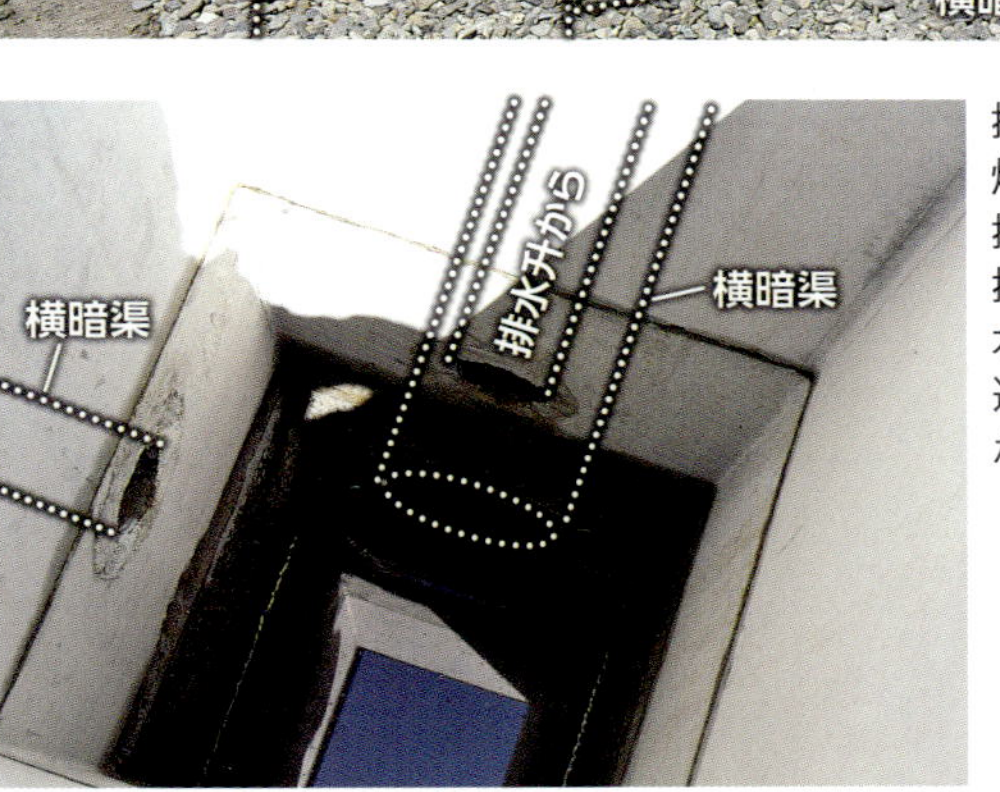

縦暗渠の中

タマネギやスイートコーン、ビートなどをつくる菊池雅宏さんは、排水性が悪い畑に縦暗渠を1本掘った。

畑がある地域には排水路（明渠）がなく、横暗渠を掘っても水を流すことができない。そこで水が流れてきて溜まる場所に、深さ約3mの穴を掘って、耕盤層の下にある礫層に雨水を直接流すことにしたのだ。

工事は業者に頼み、費用も50万円かかったが、雨が降っても畑に水が溜まることはなくなった。

菊池雅宏さん（39歳）。畑の面積は約30ha

穴掘りがわかる道具カタログ

●編集部

手持ち式オーガ

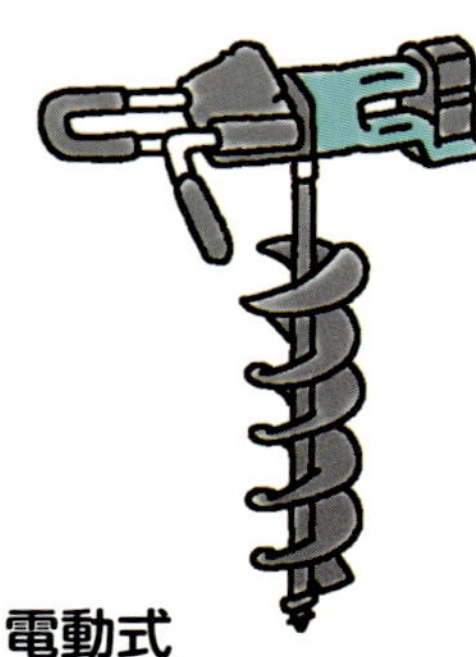

電動式

スイッチひとつで始動でき、パワーも十分、音も静か。バッテリーをほかの農機と共用すれば使い勝手が広がる（メーカー：マキタ、カーツなど。7万～25万円）

エンジン式

縦穴掘りや杭打ちに気軽に使える。果樹では以前から使われてきたが、最近、アスパラガスや小ギクの排水改善に使われだした（メーカー：ゼノア、アスクワークスなど。製品によって2万～15万円程度。以下、価格表示はすべて目安）

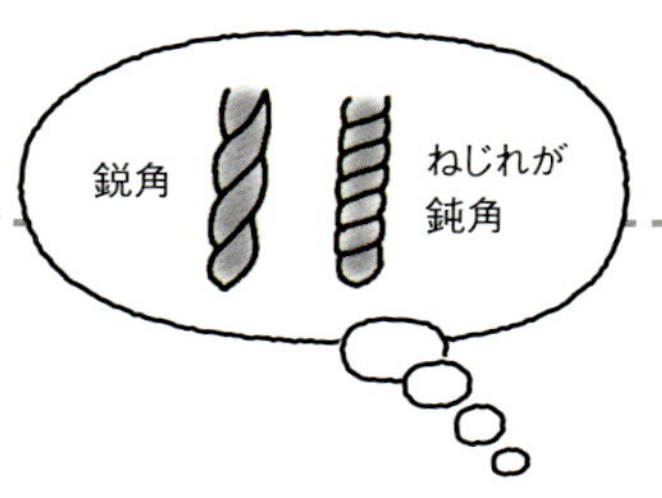

オーガ、ディガー、ダガー？

オーガとは、英語で「ラセン状の刃先」の意。先端には鋭い刃が付いていて、硬い土に突き刺すことで、掘り始めに機械がずれないように機能する。スクリュー部では、周辺部の土を崩しながら羽根のねじれに沿って土を地上に排出していく。同様の働きをする金属や木材用のドリルに比べ、スクリューのねじれは鈍角だ。鋭角にしたなら穴を開けるスピードは速くなるが、土の排出量が減るのでオーガを抜くのに力が必要になってしまうからだ。

オーガはディガー（英語で「掘る道具」）とも呼ばれる。これはスクリューのないものも含めた穴掘り道具の総称。また、果樹園や庭木に使われるダガーは英語で「短剣」を意味し、「杭」と呼ばれる部分を地面に突き刺し、圧縮空気を送り込む。

オーガが穴を掘る仕組み

地面を切り崩し、
土を排出しながら穴を開ける。
オーガのきほん機能を整理しよう。

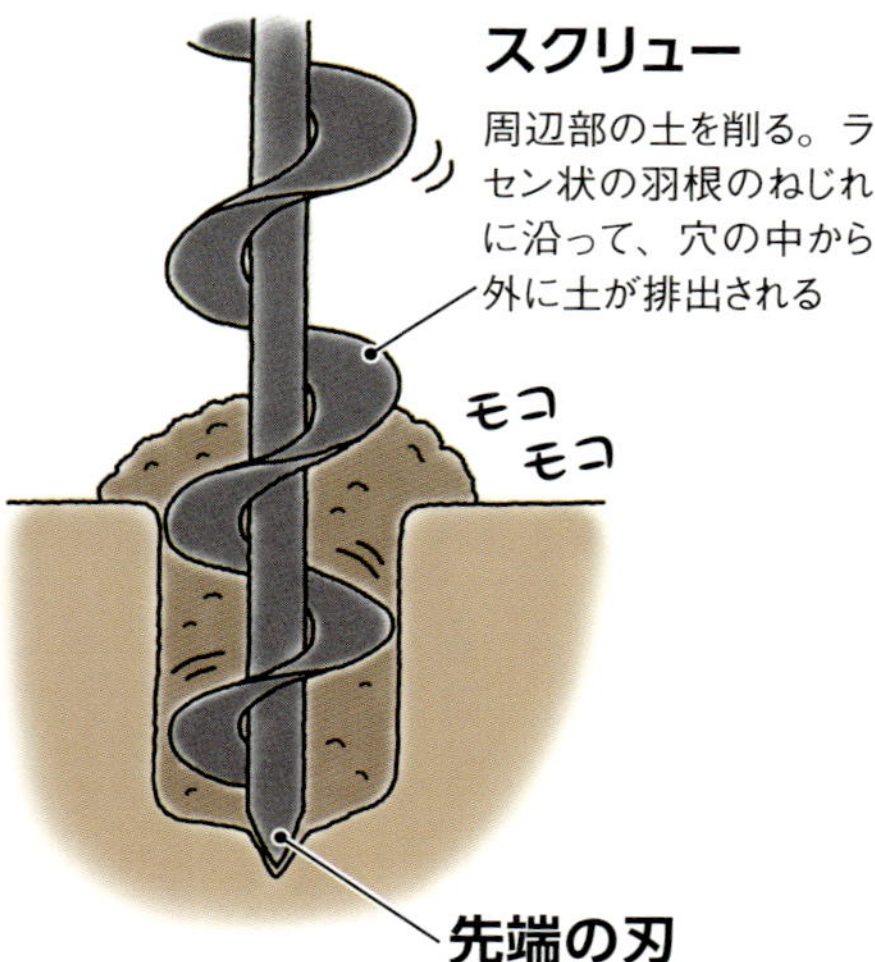

スクリュー

周辺部の土を削る。ラセン状の羽根のねじれに沿って、穴の中から外に土が排出される

先端の刃

最初に突き刺してオーガがずれないよう固定しつつ、中心部の土を削っていく

油圧式オーガ

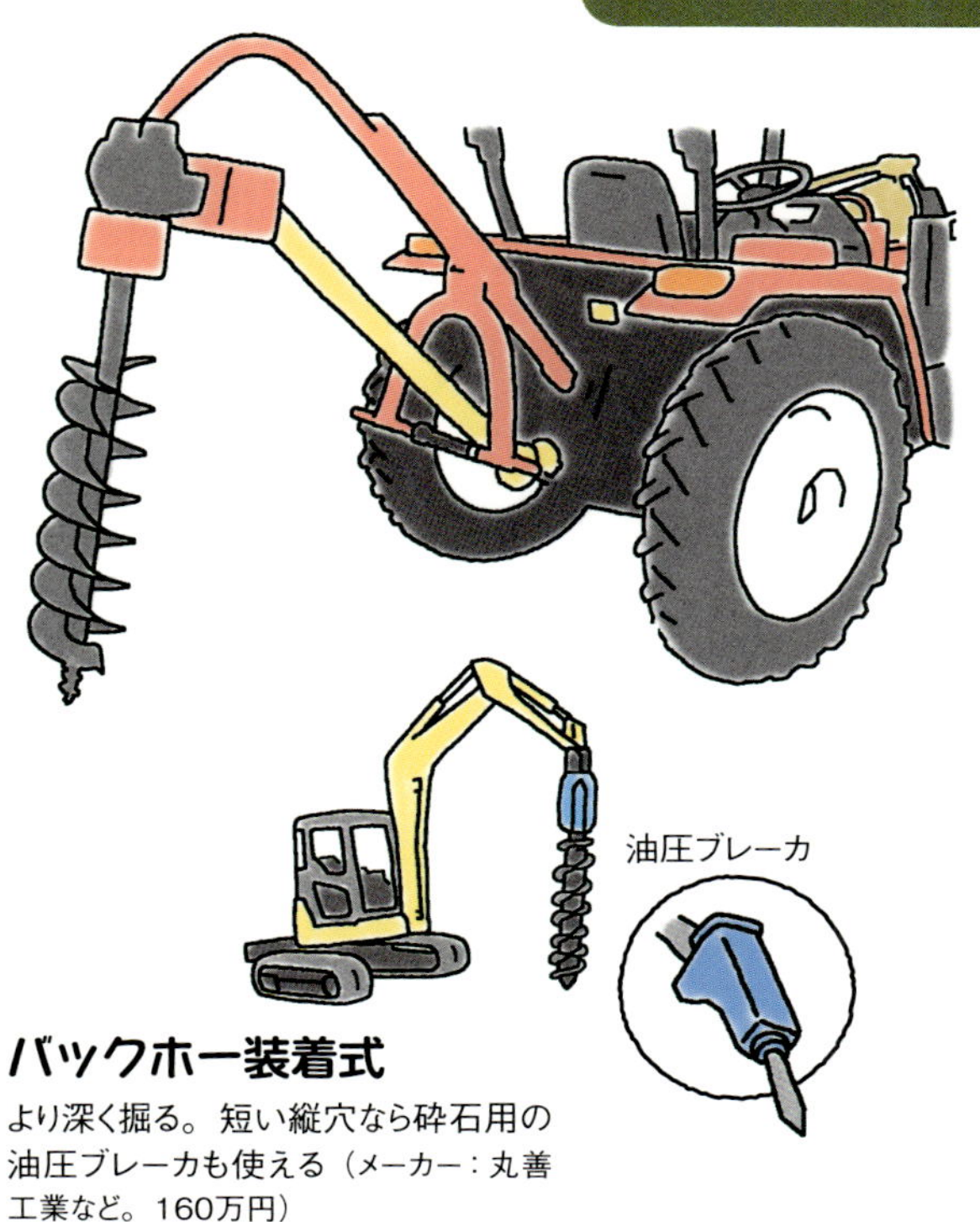

トラクタ装着式

トラクタのPTOにつなげてスクリューを回す。かつてナシ農家で広まったが、ここにきて、稲作農家も活用し始めた（メーカー：斎藤農機製作所など。35万円）

バックホー装着式

より深く掘る。短い縦穴なら砕石用の油圧ブレーカも使える（メーカー：丸善工業など。160万円）

ダガー

地面に「杭」を突き刺して圧縮空気を噴射。土の物理性を改善し、細根の発生を促す（メーカー：旧富士ロビン、現在は中古市場のみ）

手掘り道具

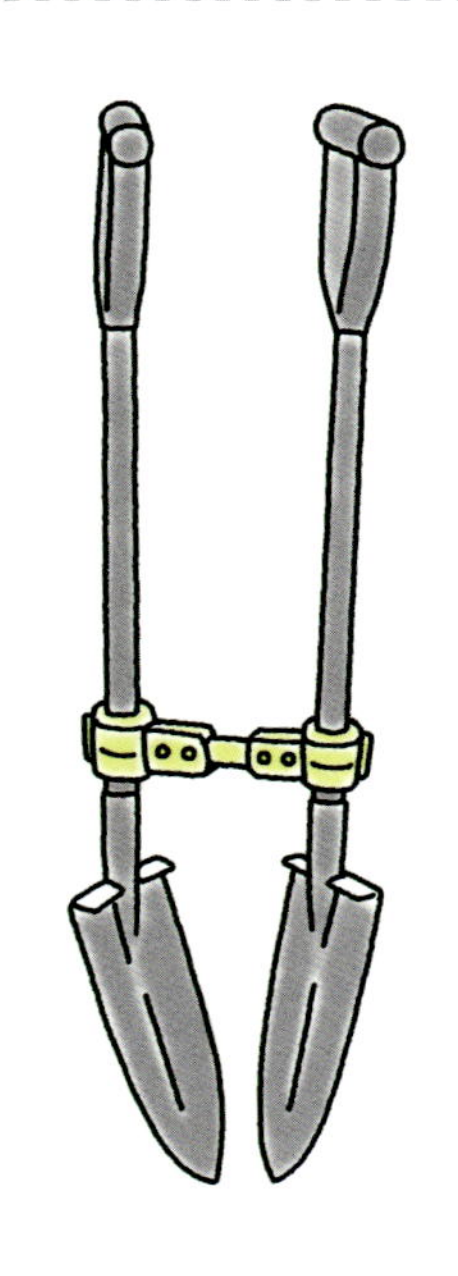

複式ショベル

2本のショベルを地面に突き刺し、ぐりぐりしながら土を挟み込んで穴を掘る。市販品（3000～8000円）もあるが、必要なときに普段使っているショベルを配管用金具でつなげて使う方法も（栃木・阿部雅美さん）

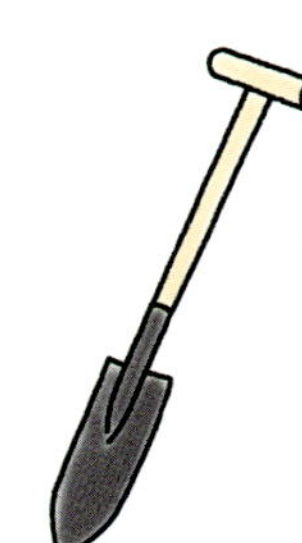

円匙（えんぴ）

細く深く掘れるショベル（3000～5000円）

穴あきショベル

土離れがよく、泥水など水分の多い土を掘るのに便利（2000～3000円）

穴掘りグローブ

指先にモグラのような爪がついていて、ガンガン掘れる！（1000～1500円）

オーガ・道具を使いこなす

●編集部

土が出てくる

ドリルを回したまま2～3回地上方向へ引き上げると、掘った土が出てくるので抜くのがラクになる

粘土質の硬い土なので、下まで一気に掘るとドリルが抜けないことがある

ドリルがラクに抜ける掘り方

秋田県由利本荘市●豊島昂生（こうせい）

　就農6年目でワインブドウを1haつくっています。大雨が降ると傾斜下部に水が溜まってしまうのが課題で、その周辺のブドウは毎年味が薄かったり、果皮が弱く1～2割は裂果したりしていました。

　そこで今年の春にマキタのバッテリー式オーガを購入し、さっそく直径10㎝、深さ60～70㎝の縦穴を1m間隔で15～20カ所ほど掘りました。一気に掘ると抜くのが大変なので、掘り進めていく途中でドリルを回したまま2～3回地上方向へ引き上げるようにしました。ドリルと一緒に掘った土が外に出て、土中の小石もずれるので、抜くときの苦労が軽減されます。どうしても地中に埋まって引き上げにくくなった場合は、逆回転に切り替えれば簡単に抜けます。

　縦穴のおかげで水はけがよくなりました。裂果もほとんどしなくなり、毎年その匂いに寄ってくるスズメバチが、今年は1匹もいませんでした。

防振手袋なら手がしびれない

山形県高畠町●鈴木将道

防振手袋の手のひら側。振動軽減効果のあるゴムがブロック状についている

筆者（28歳）、防振手袋を装着して縦穴をあける

2018年に就農。1haほどの露地畑でキャベツ、カボチャ、サツマイモなどを栽培し、作業の様子をユーチューブに投稿しています。今年の春先に２万円ほどでオーガ（52cc）とドリルを購入しました。

ところが、縦穴を掘り始めた当初、激しい振動によって粘土質の硬い畑では腕を弾かれることがありました。その後しばらく腕が痛かったので、安全に縦穴を掘りたいと思い、防振手袋を使うようにしました。手のひらのボコボコした部分が振動を防いでくれるので、長時間オーガを使っていても手がしびれません。将来的に振動障害にならないように、刈り払い機を扱うときも使っています。

また、オーガは土壌診断のサンプル土壌の採取にも使えます。深さ30㎝ほどの穴を簡単に開けることができ、とても便利です。

カチコチ土はコルセットで体重のせ

山梨県甲斐市●笹原六氣（りっきー）さん

笹原六氣さんの畑もカチコチの粘土質。場所によってはオーガでも歯が立たないところがある。笹原さんはエンジンガードに腹部を当てて上半身の体重でドリルを押し込むようにする。その際に重宝しているのが腰用のコルセット。腹側にぐるっと回して使えば、衝撃を吸収して身体への負担がグッと減るそうだ。

上半身の体重を腹部に集中させる。腕はハンドルを支える程度の力でいい

30㎝径の大穴ドリル

静岡県富士宮市●小河麦人（むぎと）さん

9haで青ネギをつくる小河麦人さんが使うのは、30㎝径の大きなドリル。もともと水はけの悪い畑には大人が入れるほどの容積の大穴（500ℓ大）を手掘りして、通路に溜まる水の逃げ場を作っていたが、あまりにも作業が大変……。その代わりに、今年はこのオーガで深さ50㎝ほどの縦穴をウネの両端に掘った。手掘りに比べて断然ラクにできたそうだ。

ゼノアのエンジン式オーガ（AGZ5010 EZ）。ドリルは30㎝径で価格は約15万円

通路と縦穴の間を三角ホーでけずり通路に溜まった水が流れるようにする

イチゴの通路も手掘り縦穴でぬかるみ改善

福島県棚倉町●須藤芳浩さん

イチゴを15aつくる須藤芳浩さん、作業中に弾丸暗渠の穴を潰してしまって以来、5aのハウスの一部の水はけが悪くなってしまった。通路がいつもぬかるんでいて困っていた。

そこで2020年12月、何十年も前に父親が展示会で買った穴掘り器で、通路に縦穴を掘ってみた。深さ70㎝の穴を3～4m間隔で5～6カ所ほど開けたところ「水が溜まってぬかるんでいた通路が乾くようになった」。おかげで管理作業がとても快適になったそうだ。

年代物の穴掘り器。直径8㎝の縦穴を掘れる

3000円の手動穴掘り器でもいける

大阪府河南町●西岡秀明

18aほどの圃場は中心付近が低く、雨水が溜まると2～3日は足を踏み入れられませんでした。そこで試験的に2m間隔で深さ60㎝の縦穴を10カ所ほど掘りました。使った穴掘り器は、6～7年前に3000円ほどで購入した杭を打つためのもの。縦穴は10分もあれば1つ掘れます。

排水効果は半信半疑でしたが、降雨翌日には土壌表面の水が引き、畑に入っても足が沈みにくくなりました。カボチャ、ズッキーニなどの根腐れも減ったように思います。なかでもカボチャは株が長持ちして、昨年と比べて3割以上増収しました。

手動の穴掘り器。ドリル径は75㎜。サトイモの植え穴を掘るのにも使う

第2章
明渠で地表の水を逃がす

明渠って、なんだ？

●編集部

地表排水お手のもの

大雨などの後には、
地表を伝っての排水が超重要。
この地表排水に抜群に効くのが明渠、
つまり地表に開いた溝だ。
単純な構造に思えるが、
ちゃんと効かせるにはコツがあるし、
ほかの排水対策との合わせワザで、
パワーアップも可能！

これが明渠だ

バックホーで掘る
幅1m以上の
巨大な溝

新潟県柏崎市、鈴木貴良さん（44ページ）の小麦畑の明渠（手前）。（依田賢吾撮影、左上も）

農事組合法人ファーム小栗山（45ページ）の露地アスパラ畑脇の明渠

ハウスと堀の間に立つ高橋伸夫さん（60ページ）。ハウス内に埋められた塩ビパイプを通って左下の堀に水が流れる

雪国・中山間の小麦畑には明渠が必須

新潟県柏崎市●鈴木貴良（きよし）さん

2020年、小麦畑の横に掘った明渠。幅は約1.5m、深さは25㎝ほど。雪解け時の表面排水を速やかにする。こうした明渠をほとんどの畑で掘っており、10年に1度ほどのスパンで掘り返す（依田賢吾撮影、以下表記がないものすべて）

掘削に使った8tのバックホー。地域の農業振興会から1日2000円でレンタル。広い法面用バケットなら、1日200mほど掘り進められる

新潟の小麦名人、鈴木貴良さんは畑の排水に「これでもか」と力を入れる。湿害による出芽率の低下、雪解け水による枯死などが、中山間地の小麦づくりでは命取りになるからだ。

畑の脇にはバックホーを使って巨大な明渠を掘り、弾丸暗渠で地下排水も促す。さらに、播種時には4条ごとにウネを立て、表面の水を素早く圃場外に流し出している。鈴木さんは小麦に限らず、畑作物を育てる際に明渠は欠かせないという。

「水田転作に力を入れ始めた頃から、ずっと掘り続けてるよ。新しい畑を手に入れた時に、掘れる圃場なら全部掘る。中山間の畑作に、バックホーは必須だね。一度田んぼにした圃場も、ここまですれば必ず畑作物が育つ」

とくに小麦の場合には、排水対策の有無で春先に驚くべき差が出る。

明渠の位置

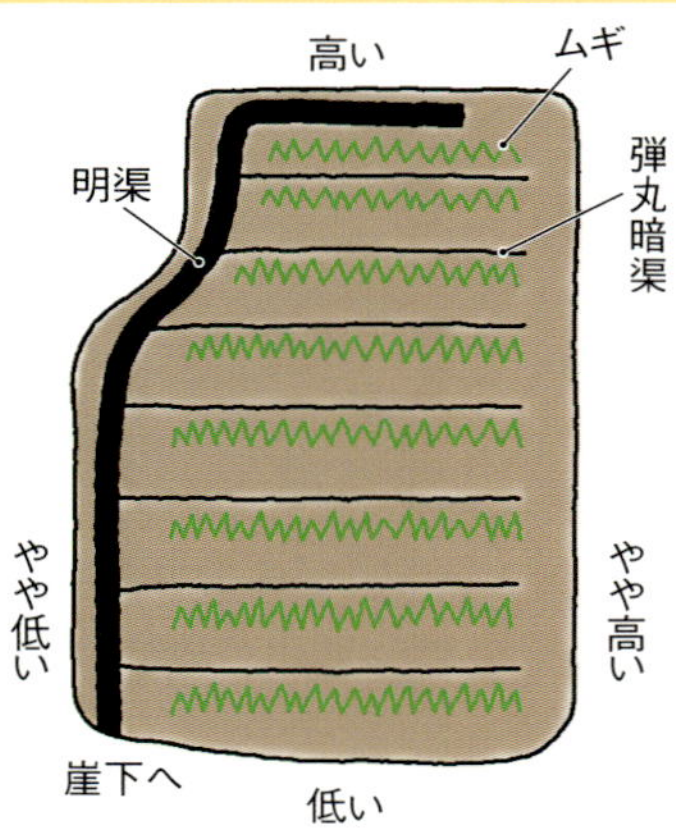

この圃場は比較的なだらかな傾斜がある。圃場の高い位置から滲み出る水を、下に逃がしてやる。地面の水が滞りなく抜けるよう、弾丸暗渠も引いた

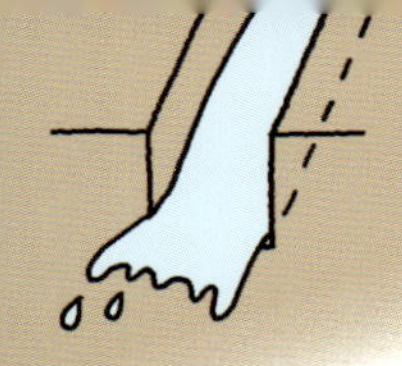

小麦は4条ごとにウネ立て播種。10㎝ほどの溝を作り、水を圃場外に流しやすくする

播種の様子。播種ユニット4台で耕耘・ウネ立て同時播種（写真提供：鈴木貴良）

自作のウネ立て器。播種機の両端につける

秋の額縁明渠でダイズの春作業が回る

新潟県見附市●農事組合法人ファーム小栗山（こぐりやま）

3年のブロックローテーションでダイズ7・3haを栽培するファーム小栗山では、額縁明渠や弾丸暗渠、サブソイラによる排水対策を徹底している。しかし、以前は雪解け水のために圃場に入れず、春作業が遅れたり、排水対策が不十分になったりすることも多かった。

そこで25年ほど前から、水田からの転換初年度には、前年秋のイネ刈り後に額縁明渠を掘るようになった。すると、春には圃場が乾燥。排水対策や播種作業の遅れがなくなった。また、多くの圃場では播種前に額縁明渠を掘り直すが、秋に掘ったものが崩れず残っていればそのまま使う。作業分散にもなるわけだ。

おかげで、ダイズは転換初年度から生育が安定。2020年とその前年の平均反収は229kgと、地域平均の1・6倍となり、全国豆類経営改善共励会では団体賞を受賞した。

水田からの転換1年目のダイズ圃場。イネ刈り後、転換予定のすべての圃場で額縁明渠を掘る（写真はすべて依田賢吾撮影）

明渠はトラクタ牽引式のトレンチャーで掘削。深さは25～30㎝。写真は春に掘り直したものだが、秋の明渠も深さなどは同じ

R字型溝掘りをした田んぼに立つ小森米二さん。ひばり野ファームには愛本新集落の32戸が参加。イネ24ha、大麦（ファイバースノウ）10ha、秋ソバ（信濃1号、とよむすめ）1.7haを栽培するほか、今年からはギョウジャニンニクを始めた

「R字型溝掘り」で、大麦も秋ソバも増収

富山県黒部市●営農組合ひばり野ファーム

多収の秘訣は溝掘り法にあり

大麦は地域の平均収量の1・4倍、秋ソバに至ってはなんと2倍――。今、富山県黒部市の「営農組合ひばり野ファーム」で、転作作物づくりが盛り上がっている。

「ウチらの特徴は溝（明渠）掘りの仕方で、ほかはよそと一緒。いい加減な溝掘りだって、ほかの人に見せたら笑われるかもなー。でも、ウチらにとってはこの方法が一番いいんだ」

と、組合のまとめ役、小森米二さん（67歳）が嬉しそうに話す。

案内してもらったのは、9月上旬に秋ソバを播いたばかりの田んぼ。見ると、縦方向にまっすぐ延びた縦溝（基幹明渠）が途中から弧を描いて、隣の縦溝につながっている。縦溝が「R」の文字の一部のような曲線を描くことから「R字型溝掘り」と名付けた。

大面積の溝掘り作業は大変

表層は黒ボクだが、20cm以上掘ると小石が出てくる。「水はけは悪くないが、大雨がくると一気に冠水」、そんな田んぼが小森さんの地域には多い。暗渠を入れる必要はないが、明渠を掘

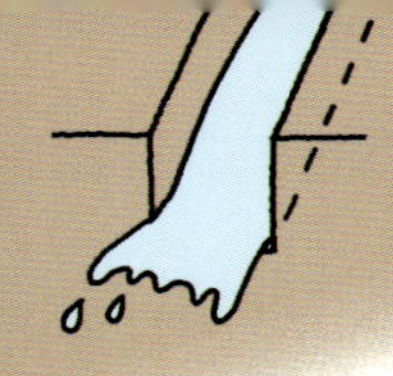

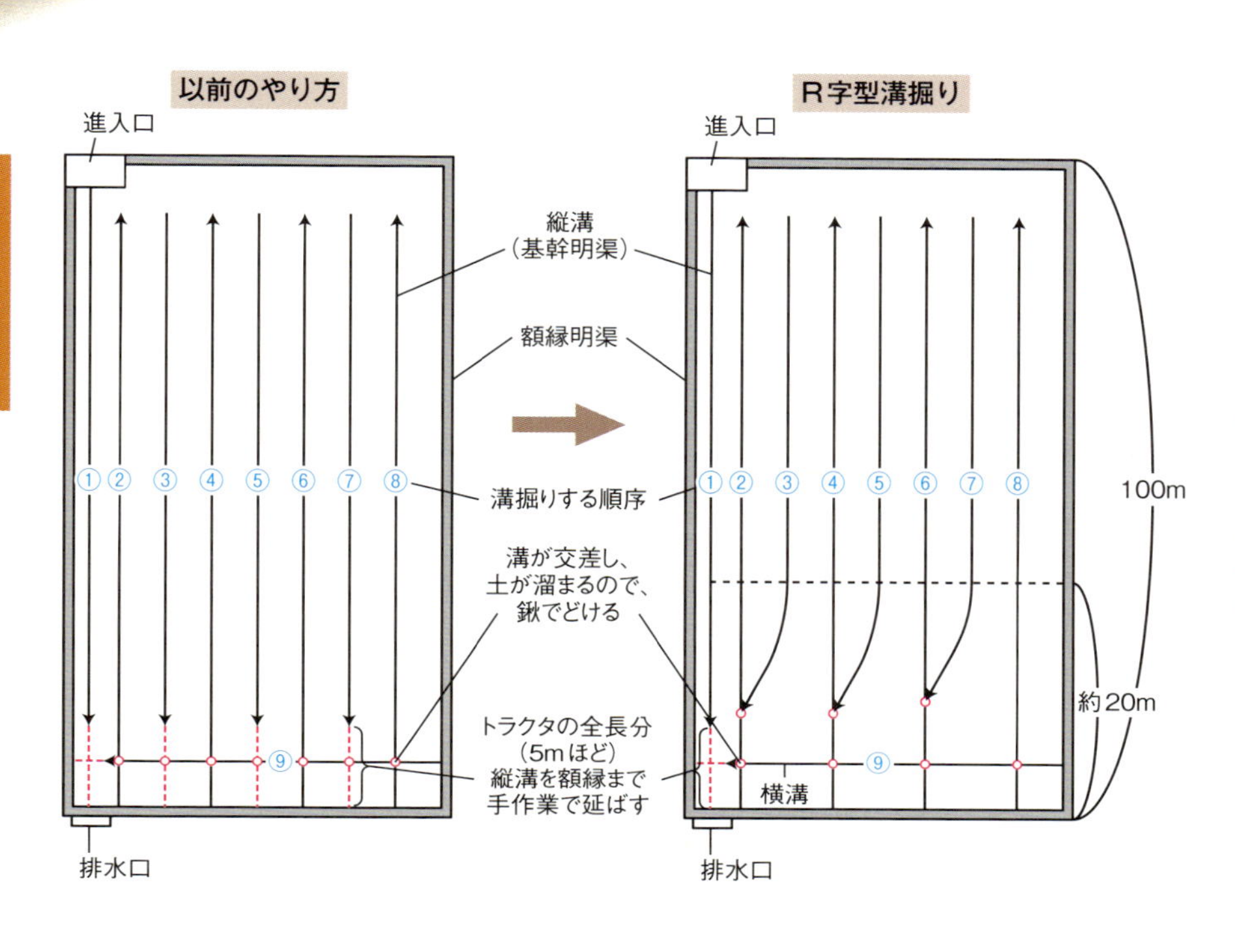

赤い線や丸が手作業が必要な部分。R字型のほうがかなり少ない。溝掘りはトラクタのロータリに培土板を付けて行なう。矢印がトラクタの進行方向で、R字型溝掘りのカーブする部分は、その先が排水口のほうに向かうよう縦溝とつなげる。長辺が100mの田んぼだと、排水口から20mくらいのところ（破線）から曲がり始める

って表面排水をよくしてやらないと「湿害で何も育たない」のだ。

ところが、転作大麦の面積が10haもあるひばり野ファーム。大面積の溝掘りはとにかく時間と労力がかかる。秋雨が降ると田んぼに入れず、2週間以上かかることもあったし、ほとんどの組合員が兼業なので、日程が合わないと、さらに延びてしまうこともある。

溝掘りが遅れると後の作業も滞る。「溝掘りを途中で中止」、「播種が遅れた」という理由で、さんざんな収量だった年もある。だから、何より求められていたのは、手間と時間をかけない溝掘りのやり方だった。

問題は、ツライ鍬持ち仕事

溝掘りでもっとも時間がかかるのは、機械で掘り残したところを手作業で掘っていく仕事。小森さんたちの溝掘り作業は次のような手順だ。

まず、イネの収穫直後にあらかじめ額縁明渠を水田溝掘り機（スガノ）で掘っておく。その後の耕耘・大麦播種・溝掘りは一連の作業として、基本的には1枚の田んぼをその日のうちに終える。

大麦だと10月上旬だが、大麦を刈った田に播くソバの場合は9月上旬にロータリで耕耘し、動散で散播。トラクタのロータリに付けた培土板で、もう一度耕耘しながら縦溝と横溝を掘る。最後に、トラクタでは掘れない縦溝を、人力で額縁まで掘って終了となるが……。

「最後に手作業する『鍬持ち』が大変。いつの間にか、鍬持ち役に決まった人には、突然『急用』ができるようになったんだよ（笑）。人が足りなくて、作業ができない日もあったな」

R字型溝掘りでみんなが喜んだ

減らすべきは「鍬持ち」の仕事だ。「それなら、機械にめいっぱい仕事させてやれ！」ということで、3年前から始めたのがR字型溝掘りだった。

結果は狙いどおり。額縁まで延長さ

せる溝掘りの本数は以前の約半分。鍬持ちの仕事が減ったので、3反の田んぼ1枚にかかる作業時間は、20分早まり40分に。しかも縦溝の本数は変えていないので、排水性が特別に悪くなることはない。

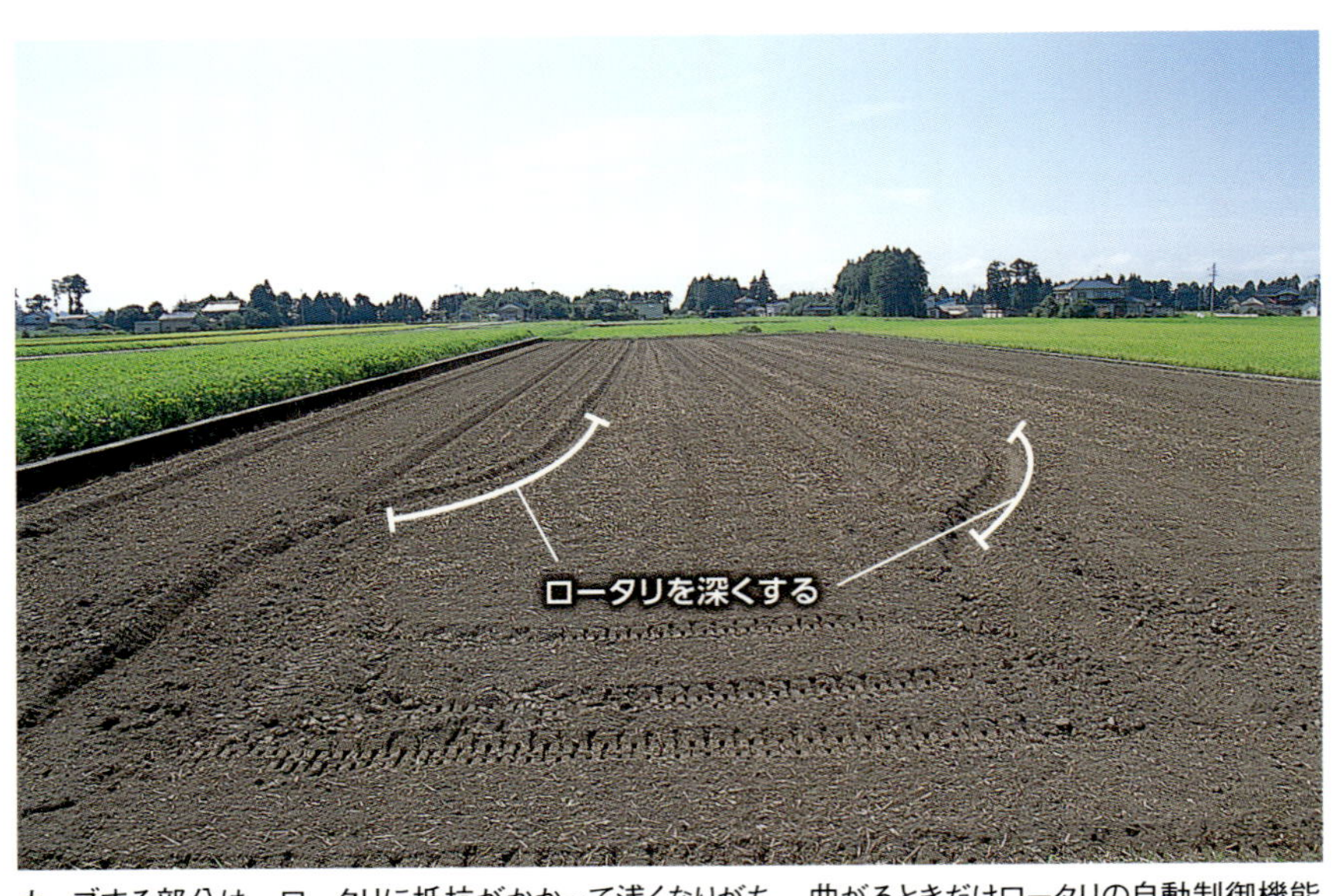

カーブする部分は、ロータリに抵抗がかかって浅くなりがち。曲がるときだけロータリの自動制御機能を切って手動に切り替え、心持ち深く耕す

これにはまず鍬持ち役の人たちが喜んだ。さらに……。「ウチの時給は1000円。1枚の田んぼに必要な作業時間が減れば、それだけ労賃は少なくなる。ウン十万円浮いたんじゃないかな」

組合員に配るお金も増えて、みんなも喜んだ。

作業の遅れがなくなり増収！

溝の掘り方自体が排水性を改善したわけではないが、収量は上がった。

以前は10haの田んぼの溝掘りに最低7日は必要だったが、今は3～4日で十分。10月中旬以降の気温が低く乾きにくくなる時期より前に、播種も溝掘りも終えられる。播種が遅れることもないし、「人手が足りなくて、額縁と縦溝をつなげられず湿害」、なんてこともない。

大麦の反収は約400kgで地域平均の1・4倍。しかもほとんどの年で全量一等の高品質。さらに、大麦の後作でつくる秋ソバは、反収100kgとなんと2倍だ。秋ソバは、イネ刈りを目前に控えた9月上旬に播種するが、慌ただしいなかでも溝掘りを終えられるようになったのだ。

「ソバは量とれば儲かる作物！ 排水がうまくいった田んぼでつくったソバは、茎も太いし、花がゴワっとしてる」。いかにもとれそうな大麦やソバを見ていると、たまらなく気分がいい。

溝掘りで夏緑肥も生育が揃う

ところで4年前から、大麦の後にソバを播かない田んぼ約8haに、イネの緑肥としてネマキング（クロタラリア）を播くようになった。1年目は、溝掘りをしなかったところだけ湿害にあい、まばらにネマキングが生える、まるで「耕作放棄地のような」田んぼになった。

それからは、すべての緑肥の田んぼにR字型溝掘り。ネマキングがビッシリ生え揃い、翌年の元肥を2割減らしても、米はふつうに9俵以上とれた。さらに、地力がついたのだろうか、「土がフワフワになった」。穂肥だって減らせるんじゃないか、大麦や秋ソバだってもっとつくりやすくなるかも……と、溝掘りをきっかけにして、ひばり野ファームの田んぼはどんどん変わっていく。

明渠プラス ちょっと山なり成形で 水はけバッチリ

宮城県村田町●佐藤民夫さん

直売農家の佐藤民夫さんは、水田転換畑を中央が高くなるようちょっと山なりに成形して、表面排水がスムーズに流れるようにしている。

畑の周囲には明渠を掘って、その土で中央部に盛り上げる。バックホーを使い、明渠掘りに２時間、成形に２時間、計４時間で２反の畑をつくれる。「暗渠を入れなくても、排水性はバッチリ。５～６年は効果が持つよ」

水田転換畑のちょっと山なり成形

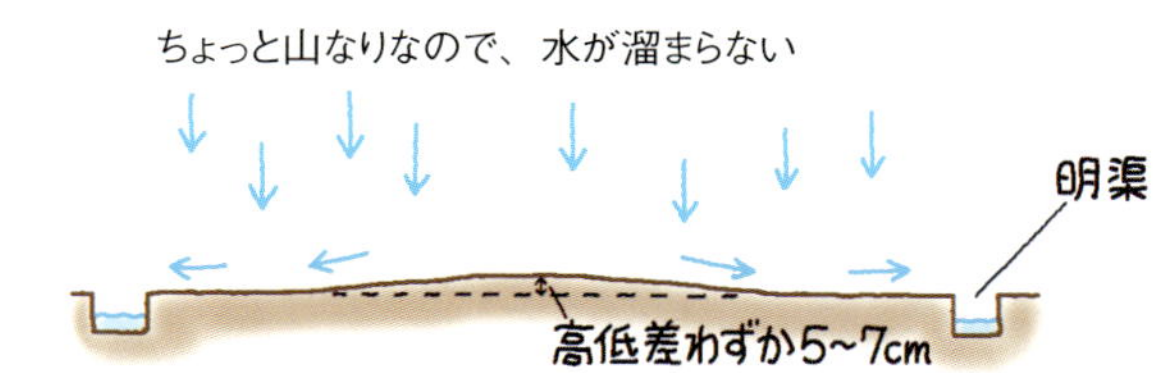

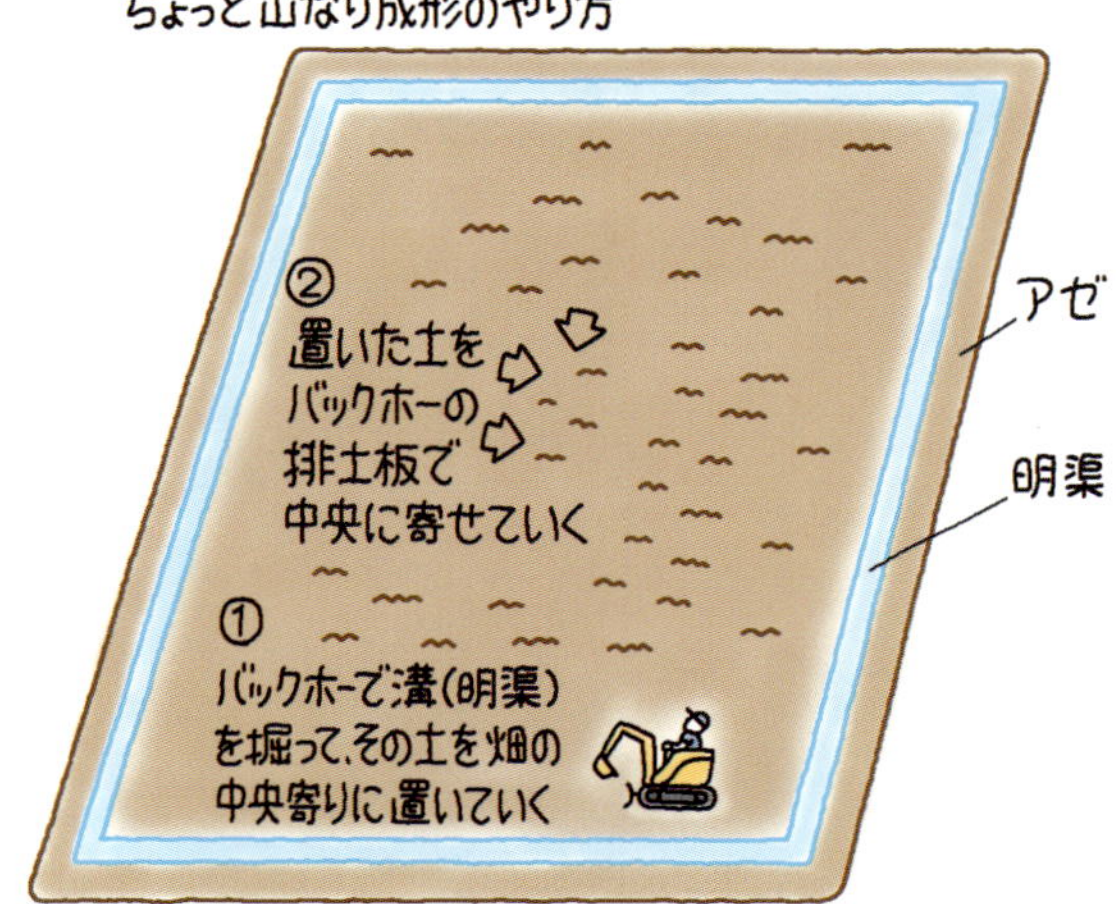

明渠掘りに大活躍 むらに１台バックホーを！

広島県北広島町●發（ひらき）正彦さん

發さんは、自前のバックホーで田んぼに「よきみ」と呼ばれる明渠を掘っている。バケットで掘ったり、底や側面を押し固めたりして、深さ１m以上の丈夫な明渠も簡単にできる。知人の田んぼにも掘ってあげたり、水路やアゼを補修したり、バックホー１台でむらの課題がどんどん解決できるそうだ

山際の田んぼも明渠のおかげで排水バッチリ

發正彦さん（田中康弘撮影、左も）

明渠の水を抜くための「掘り下げ排水桝」

福井県あわら市●橋本哲郎

明渠に接続した掘り下げ排水桝。塩ビ管は土アゼの下を通り、排水路につながっている

額縁明渠の底に合わせて

私の集落では、約45haの圃場で水稲、大麦、ソバ、ダイズのブロックローテーションを行なっています。私の耕作面積は5年ほど前からだんだんと増え、昨年は24haほど。新たに転作を行なう圃場では、自己負担で排水対策を進めてきました。

排水路の上流には市街地や丘陵地があり、大雨が降ると水がアゼを越え、排水路から転作圃場に流れ込みます。

また、集落の水田で、暗渠排水を完備している圃場は半分以下。暗渠のない圃場では、とにかく「圃場表面からいかに早く排水するか」が重要です。そこでまず、溝掘り機で深さ20〜25㎝の額縁明渠を整備。しかし、明渠の底は田面より低いため、溜まった水をスムーズに排水できず、圃場表面に水溜まりが残ってしまいます。そこで、明渠の深さに対応した「掘り下げ排水桝」も同時に設置します。

桝はホームセンターで購入

排水桝はホームセンターに売っている、コンクリート製のものを使います。スコップで土を30㎝ほど掘り下げて桝を埋め込みます。水が逆流しないよう、コンクリートを削って排水路側の排水口を明渠より低くし、そこに塩ビ管を通したら土で固めて完成です。

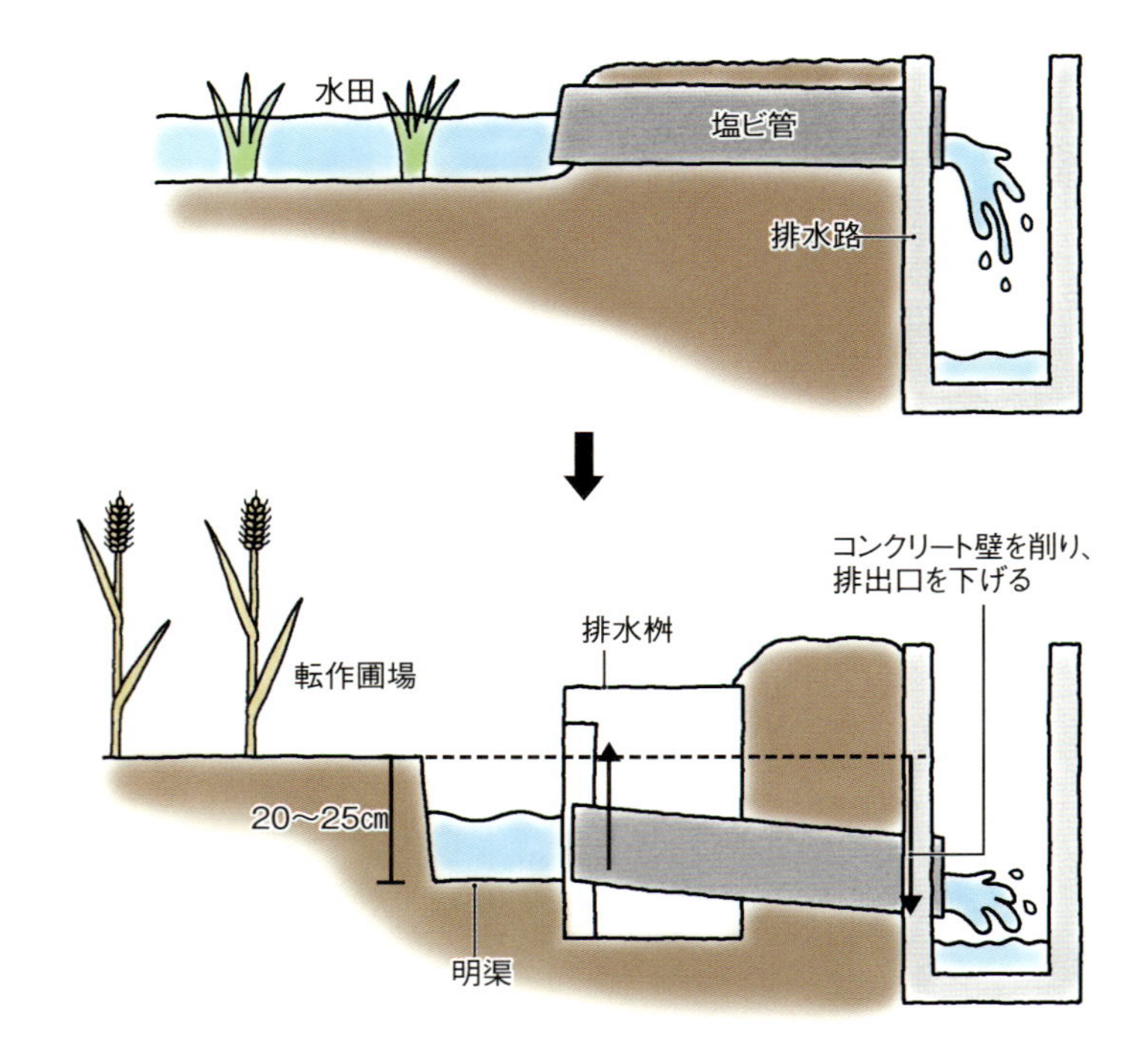

塩ビ管は水田側の口だけでなく、排水路側の排出口も下げる

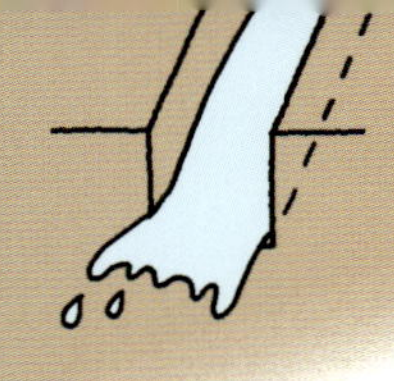

1カ所当たり1時間もかからず施工でき、費用は5000円程度。50ａくらいの圃場なら、一つ設置するだけでも十分に排水できます。

特別な対策ではありませんが、大麦の播種時期の湿害防止には確実に効果があります。おかげで暗渠がない圃場でも、「ファイバースノウ」の反収は地域平均より高い300㎏前後。基本を大事にすれば条件が悪い圃場でもそれなりの収量を得られると信じ、地道に続けています。

ラクに維持できるカキ殻明暗渠

京都府京丹後市●佐藤弘和（土之素 農地研究所）

明渠を掘る。自然排水できるように、水尻から勾配をとりながら深さを調整

疎水材用カキ殻（ふるいにかけて選別したもの）を明渠の上部まで充填

水尻部分は崩れないように金網で処理

土壌改良の請け負い、貝殻肥料の製造販売をしている。肥料の原料にしにくい小さなカキ殻を有効活用する方法を探していた。

また、明渠を農家に提案する際、「草刈りや溝上げなどの手間がかかる」という声をよく聞く。そこで、明渠より維持に手間がかからず、暗渠より排水性がよくなる方法を検討。カキ殻を疎水材にして、地表まで充填する「明暗渠」の着想を得る。

これなら上を軽トラや農機が走行しても、排水機能を維持できる。排水効果は明渠、カキ殻明暗渠、暗渠の順。施工の難易度は暗渠、カキ殻明暗渠、明渠の順。カキ殻明暗渠は注意点さえ守れば、農家自身でも施工できる。

＊弊社で受注する場合は、税込2万1450円～（施工費＋材料代）／20ｍ（深さ40㎝×幅55㎝）（2021年12月掲載時）

もしかして効いてない!?

明渠掘りのあるある失敗

農研機構中日本農業研究センター●渡邊和洋

米の消費が年々減少するなか、水田では主食用米の代わりにムギ類やダイズ、ソバ、また業務用野菜などの畑作物がかなり栽培されるようになってきました。こうした水田転換畑では、根腐れ（湿害）を防ぐためにも、積極的に水を排出し、土を乾かしてやる必要があります。

余分に溜まった水が排出されるおもな経路は、圃場表面を横方向に流れる「地表排水」と、下方に浸透する「地下排水」の２つです。降水量や土壌の種類などで異なりますが、例えば重粘土の転換畑で50㎜／h程度の降雨があった場合は、地表排水が約7割を占めるといわれています。そして、時間あたりの降水量が多くなるほど、地表排水の占める割合は大きくなります。

ですから、地下排水を促進する暗渠などの対策も重要ですが、まずは地表排水能力を最大限に発揮させるための圃場作りが最優先となります。その中心となるのが明渠です。

現場では、水田転換畑の大半で周囲明渠（額縁明渠）が掘られていて、加えて圃場内明渠（中明渠）が掘られていることも少なくありません。しかし、せっかく掘った明渠が十分に機能せず、水が溜まったままになっている圃場もよく見かけます。そこで、よくある失敗例と、排水機能の高い明渠を施工するためのポイントをまとめてみました。

あるある失敗❶ 深さが足りない

明渠は耕盤より深く掘るのが基本ですが、深さが不十分な圃場もあります。その場合、排水がうまくいかず、明渠から圃場内に水が浸透する恐れもあります。一般的なロータリ耕であれば、明渠の深さは15㎝以上ですが、掘削の精度を考えると20㎝を目標とするのがよいでしょう。近年、水田作でも普及が進んでいるチゼルやプラウなどで深耕する場合は、その分、明渠も深く掘り下げる必要があります。

一方、本暗渠がない圃場では、弾丸暗渠などの補助暗渠を明渠の中から施工す

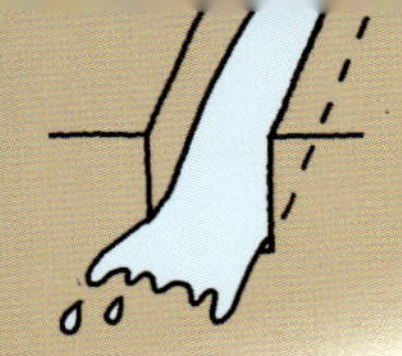

る必要があります。下方に浸透して補助暗渠に達した水を、明渠で圃場外へ排出するのです。このとき、接続する明渠が浅いと、補助暗渠の施工も浅くなって崩れやすくなるため、明渠の深さは少なくとも30㎝ほどにする必要があります。市販されている溝掘り機の多くは30㎝まで対応していますが、オプション機能で40㎝まで掘り下げられる機種もあります。

石が多い圃場では困難な場合もありますが、周囲明渠の位置は原則毎回同じなので、掘るたびに少しずつ石を拾い上げて、徐々に深く掘れるようにしていきましょう。

あるある失敗❷
起伏があって、途中で水が溜まる

当然、水は高いところから低いほうに流れます。したがって、明渠は一番低い排水口に向かってスムーズにつながっていないといけません。途中に少しでも明渠が浅い場所があると、そこで堰き止められて排水が途切れてしまいます。

溝掘り機は一定の作業速度に達すると、わりと同じ深さで掘り進められますが、掘り始めと終わりの部分が浅くなりがちです。周囲明渠では圃場の角の部分にあたります（次ページ、上段写真）。また、掘り終わり側ではトラクタの全長分の掘り残しが生じるため、機体を反転させてのバック作業でつなげる必要があり、それが明渠の深さが一定にならない原因になります。ですから、明渠は角の部分が浅くなりやすいことを意識しながら、丁寧な作業を心がけましょう。それでも浅くなる場合は、手作業で掘り足すことも必要です。

また、明渠を掘ったあと、様々な作業をする過程で、明渠が崩れて埋まってしまうこともよく起こります（中段写

○ 明渠が深い

表面の水と染み込んで耕盤で止まった水は、横方向へ流れ、明渠に流れ出る

× 明渠が浅い

明渠が機能せず、水が溜まる

○ 明渠の深さが均一

深さが一定なら、水はスムーズに流れる

× 明渠の深さが不均一

途中で浅い部分があると、水は堰き止められる

とくに圃場の角が浅くなりやすい。水が流れないので、手直しが必要

あるある
明渠が埋まっている

農作業で明渠が崩れてしまった。手前の明渠には水が溜まり、圃場から水が抜けていない

排水口側が高いので、排水できない。事前に均平作業をしておくと、防げる

真）。栽培期間中も崩れがないかを点検して、適宜、補修しましょう。

そもそも、溝掘り機は圃場面を基準に一定の深さで掘り進めるので、地表の高さが不均一だと、結果として明渠の底にも起伏ができます。とくに排水口側が高くなっていると、「逆勾配」となって水が届きません（下段写真）。この場合は、明渠を掘る前にレベラーで圃場面を均平化することが必要です。なお、復田に影響のない範囲で、排水口に向かってゆるやかな勾配をつける「傾斜均平」を行なうと、地表排水がさらに促進されます。

あるある失敗❸ 排水口が明渠よりも高い

忘れてはいけないのが、明渠と排水口をしっかりとつなげることです。この2つの間に溝が掘られていない、排水口に堰板が取り付けられたままといった、うっかりミスもありがちです。また、水稲栽培の落水用に設置された排水口は、圃場面から10～15㎝の深さしかないケースもあります。せっかくスムーズで深い明渠を掘っても、排水口より低い位置にある水は明渠の中に溜まったままになってしまいます（左ページ、上段写真）。実

排水口が明渠よりも高い位置にあるので、水が圃場外に出ていかない。排水口を掘り直す必要がある

排水口の深さの違い（排水性の比較）

同じ圃場内に深さ40㎝の明渠を別々に掘り、それぞれ地表から40㎝と20㎝の位置に排水口を設置。雨がやんで、１日後の様子を見た

ほとんどの水が排出

まだ水がたっぷり溜まっている

際、圃場面から40㎝と20㎝の位置に排水口を設置して比較してみると、明らかに差が出ます（下段写真）。

ですから、水が溜まる圃場では、排水口を明渠の底より深く、できれば30㎝より深く掘り直す必要があります。これまではバックホーなどの重機を用いる工事が必要でしたが、三重県農業研究所においてトラクタのみで新たな排水口用のパイプを埋設できる装置が開発されたところです（川原田ら２０２１）。この装置があれば、アゼを崩すことなく、１カ所７～８分で新たな排水口を設置できます。また、本機は暗渠の施工にも利用でき、現在実用化に向けて実証試験が進められていて、市販化が待たれる新しい技術です。

＊排水機能の高い明渠施工については、農研機構のホームページで公開している「診断に基づく小麦・大麦の栽培改善技術導入支援マニュアル」もあわせてご活用ください。
https://www.naro.go.jp/publicity_report/publication/pamphlet/tech-pamph/134377.html

低い畑も怖くない！

「明渠＋縦穴」の排水力

静岡県浜松市●河合正敏さん、レ・ディン・タンさん

小ネギ畑に掘った明渠の終点に立つ河合正敏さん（44歳）。この地点に深い縦穴を掘った（写真はすべて依田賢吾撮影）

以前はひどい畑だらけ

「水が溜まっていい畑なんてあるわけないじゃんね」。静岡県浜松市の河合正敏さんは、排水性の重要さをあらためてそう語る。11人を雇用し、露地とハウス合わせて7haの小ネギを周年栽培する法人農家だ。

河合さんが18歳で親元就農して以来、法人の耕作面積は、地域の畑を借り受けながら年々増え続けてきた。借りた畑のなかには雨が続くと何日も水が抜けず、小ネギが育つベッドまで水に浸かってしまうところもあった。そういう畑は生育が悪くなるだけでなく、疫病などの病害がすぐに発生するので非常に厄介。「収穫をしてみても出荷できない株ばかりでね。つくっちゃ捨てて、つくっちゃ捨てて。そんなひどい畑がいくつもあった」

雨水が道路から流入

河合さんの畑がある地域は扇状地で、古い時代に川から流れついた石が大量に残る「段丘礫層（だんきゅうれきそう）」という地層が広がる。石が多いので水はけがよさそうに思えるが、強烈な粘土質のため、石と石の間は粘土で埋まり、水の抜けは決してよくない。

また、ほとんどの畑が道路に面していて、地表面が道路より低いことも難点。道路に降った雨水がどんどん畑へ流れ込んでしまう。父親の代から堆肥施用を欠かさず、土づくりを常に心掛けているが、それでも排水性の改善は長年の課題だった。

露地畑には明渠＋縦穴

明渠に深さ5mの縦穴

そこで河合さんが考え出した対策が、明渠掘りだ。「まずは観察。雨が降ったらすぐに畑へ行って、どこに水が溜まるか、よーく見ておく」。そして、作業が減って手が空く冬場に、バックホーで深さ60cm以上はある明渠を掘る。「明渠を掘るのは畑で水が溜まっていたほうだけ。それと、排水口代

わりに明渠の終点に深い縦穴を掘る。そうすれば水がどんどん地下に抜ける。これが一番のポイントだな」と河合さん。

縦穴は深いものでは5m以上。これもバックホーで掘る。掘り進める間に何度も硬い岩盤が出てくるが「それを全部ぶち抜くように掘り続けると、急に砂の層が出てくる。そこまで掘れば完璧」。あとは、石などを入れて埋め戻しても排水の効果は変わらない。この縦穴付き明渠を掘るようになってからは、大雨や長雨でも、畑に水が溜まることはなくなった。

明渠＋縦穴の掘り方

道路側の様子。道路よりも畑が低いため、雨が降るとどんどん流れ込んでくる。明渠を掘る前はベッドごと浸水することもしばしばあった

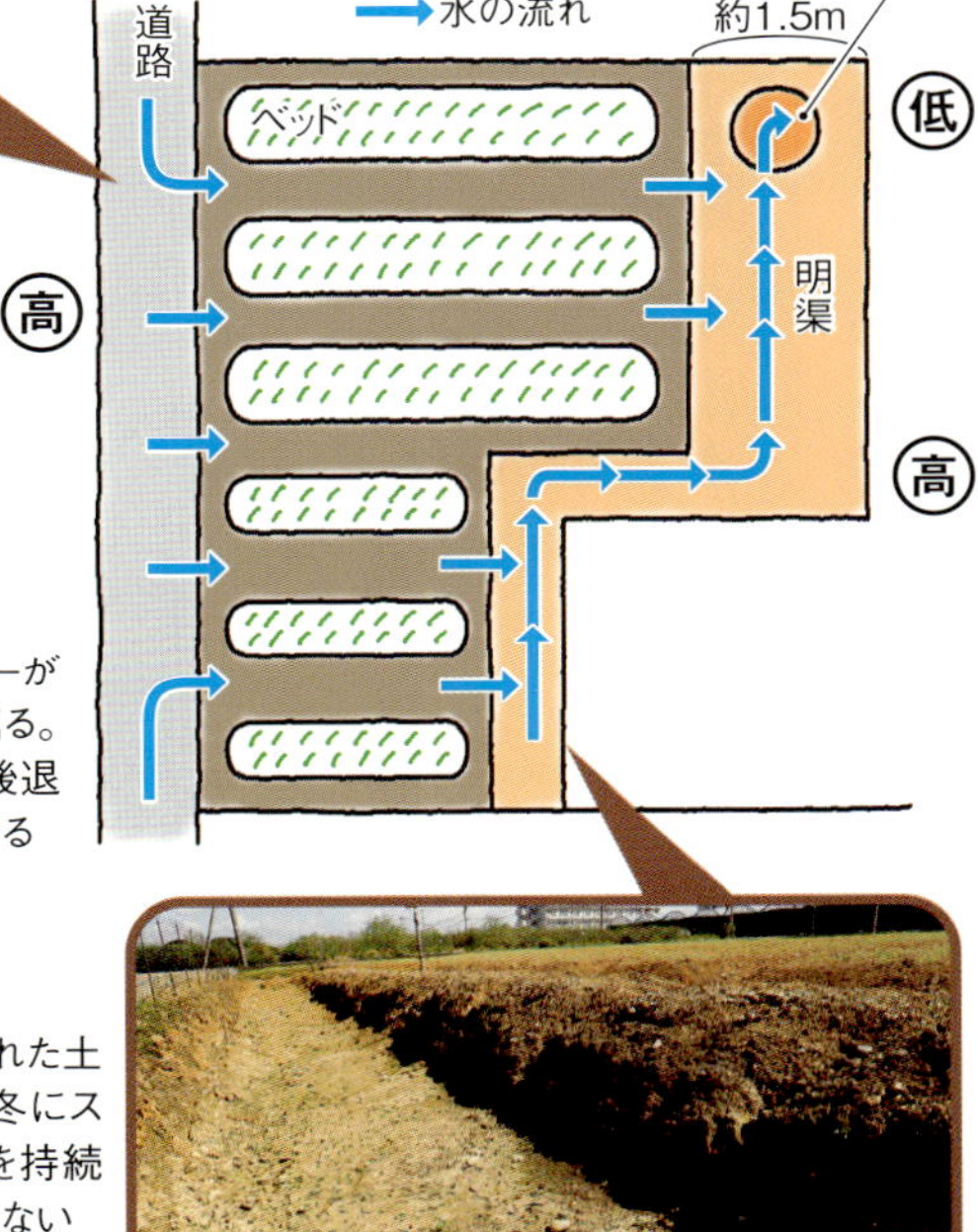

最初に縦穴の位置までバックホーが入る通路を掘る。次に縦穴を掘る。穴を埋め戻し、縦穴の位置から後退しながら勾配をつけつつ明渠を作る

明渠側の様子。雨で流された土が所々に流れ込むので、冬にスコップで畑に戻す。効果を持続させるためにメンテは欠かさない

効果は絶大、経営も改善

明渠を掘ると、その分だけ作付面積は減ってしまうが、効果は大きい。

まず小ネギの発芽がよくなる。その後の生育も安定し、収穫後のロスはめっきり減る。土がよく乾くので日頃の作業もしやすい。

また、疫病などは一度出ると次の作以降まで影響するが、排水がよくなると病気の発生が確実に減る。病気の恐れがなければ、ウネ立てっぱなしで「収穫即日播種」も可能となり、同じ圃場で最大年3作続けてつくれる。明

収穫を迎えた小ネギ。掘ると石がゴロゴロ出てくるが、粘土質で水が抜けにくい

レ・ディン・タンさん（57歳）の空井戸掘りのスタイル。使うものはバール、ロープをつけたバケツ、脚立、ヘルメットだけ

ハウス周りの空井戸の位置

道路に勾配があり、雨水がハウスに流れ込んでしまう。3つの空井戸でこれを劇的改善

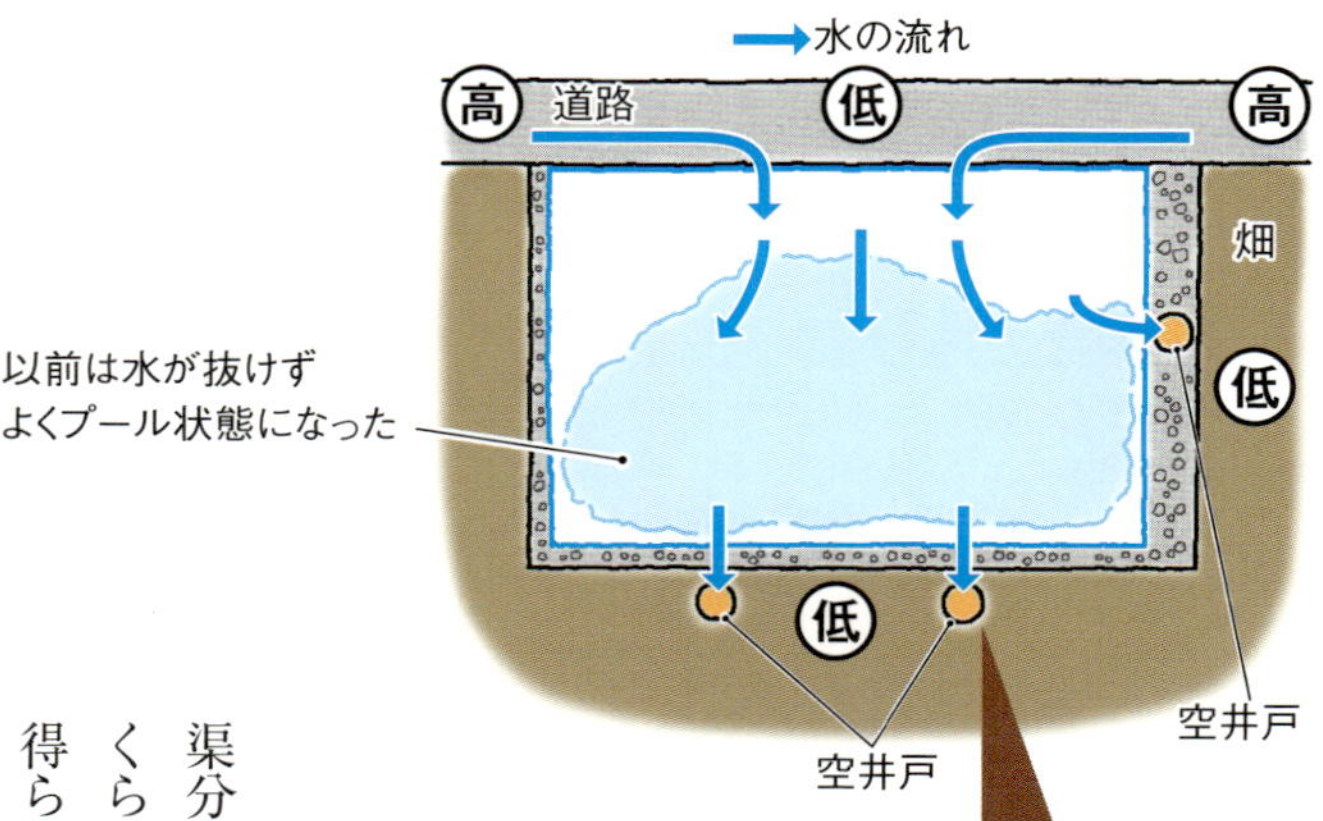

空井戸。落下を防ぐためのフタを開けると、底が見えないくらい深い

渠分の作付面積減少など気にならないくらい、経営的には十分なメリットが得られるのだ。

バックホー操縦は明渠掘りに必要で始めたという河合さんだが、施工を繰り返すうちに今ではかなりの腕前になった。「何でもやり続ければ、できるようになるもんだね」

ハウスには空井戸

ガムシャラな空井戸掘り

ところで明渠の縦穴にはきっかけとなる出来事があった。

それは以前、新たに借りた畑に大きなハウスを建てたときのこと。なんとハウス内に大量の雨水が入り込んで浸水状態になることがわかったのだ。ハウスを建てる前だったら、客土するなり手を打てたかもしれないが、もう重機も入れない。ハウス周りに明渠を掘るスペースもない。そんなとき、父の正博さんが「昔は空井戸といって畑の横に深い縦穴を掘って水はけをよくしたんだよな」とつぶやいた。

それを聞いたスタッフの一人、ベトナム人のタンさんが「だったら掘ればいいよ」と、バール片手に穴掘りを開始。なんと毎日3〜4時間ずつ作業して約1カ月で深さ5mはある縦穴を手掘りしてしまった。

その後もさらに二つ掘り、最終的にハウスの周りにできた空井戸は三つ。結果は上々で、道路から流れ込む水は地下に染み込んだ後、以前のようには溢れずに、空井戸へとどんどん抜けていく。ハウスの水はけは劇的に改善した。

「今でも雨が降るとジョボジョボって空井戸に水が抜けていく音が聞こえるよ」とタンさん。井戸掘りの経験があったわけではないそうで、実際にやってみると、岩のように硬い層が何度も

タンさんの空井戸掘りを拝見！

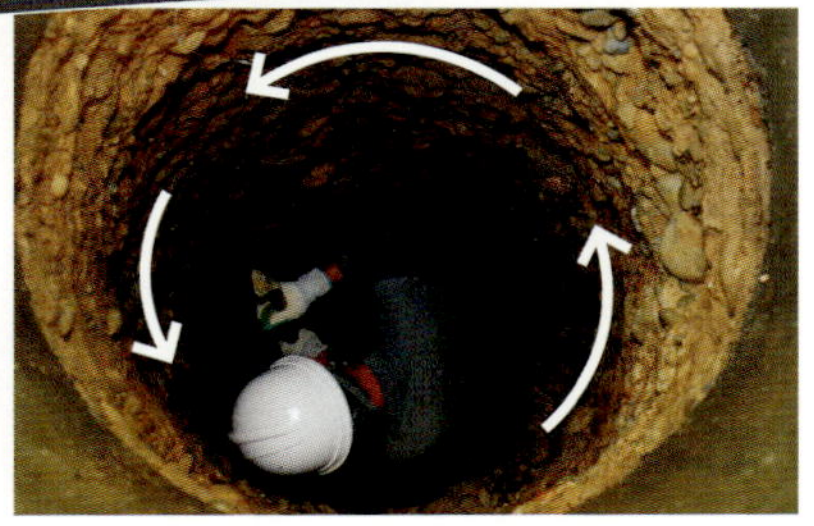

脚立を使って穴に入り、体を回転させるように回りながら、バールで土を突き砕いて掘り進める。石が多いのでスコップでは歯が立たない

ある程度土が掘れたらバケツに入れて上から別の人が引っ張り上げる。後はひたすらこの繰り返し

空井戸の底から見た様子。硬い層をいくつも掘り抜くことで水の抜けがよくなった。それがその後の排水性改善のヒントになった

出てきたり、手にマメがたくさんできたりと大変だったが「できあがったときは嬉しかったよ」と満面の笑顔だ。このタンさんのガムシャラな空井戸掘りが、「明渠＋縦穴」の発想につながった、というわけだ。

課題もいろいろ見えてきた

今では毎年のようにあちこちの畑に明渠を掘る河合さん。新たな課題もいろいろ見え始めている。

明渠を作っても生育ムラが出る畑がどうしてもある。やはりそもそもの土の改善も重要だと気づいたという。そこで、今年から冬場の緑肥栽培にも挑戦することを決めた。

また、土がよく乾くので、かん水が今まで以上に大事な作業となった。スプリンクラーを強力なものに替えるなどかん水設備の改良を進めている。

さらに、自分が明渠掘りで抜けても小ネギづくりがストップしないよう、日頃の人材育成もとても重要だとわかった。

やるべきことはまだまだ尽きない。

「とにかく農家の相手は天気。手ごわい相手だから、やれることを全部やるしかないじゃんね」

ハウスと堀の間に立つ高橋伸夫さん。ハウス内に埋められた塩ビパイプを通って左下の堀に水が流れる

排水がいいうえに絶品ブドウ

崩れない明渠とポンプ排水

千葉県九十九里町●高橋伸夫さん

高橋伸夫さんが住む九十九里町は、海が近くて地下水位が高く、砂地。大雨が降れば畑は水に浸かりやすく、明渠を掘れば土はサラサラと崩れやすい。

　そんな場所で高橋さんは、昔、田んぼだった土地をそのまま利用し、ハウスを建て、ブドウと花をつくっている（たいがいの人は、田んぼに客土してから畑として使う）。

　ハウス内の排水をよくするために、2つある二連棟ハウスの間と周囲に堀（明渠）を作り、土が崩れないようにガードレールでその壁を固定した。この堀のおかげで、大雨が降っても湿害

排水の仕組み

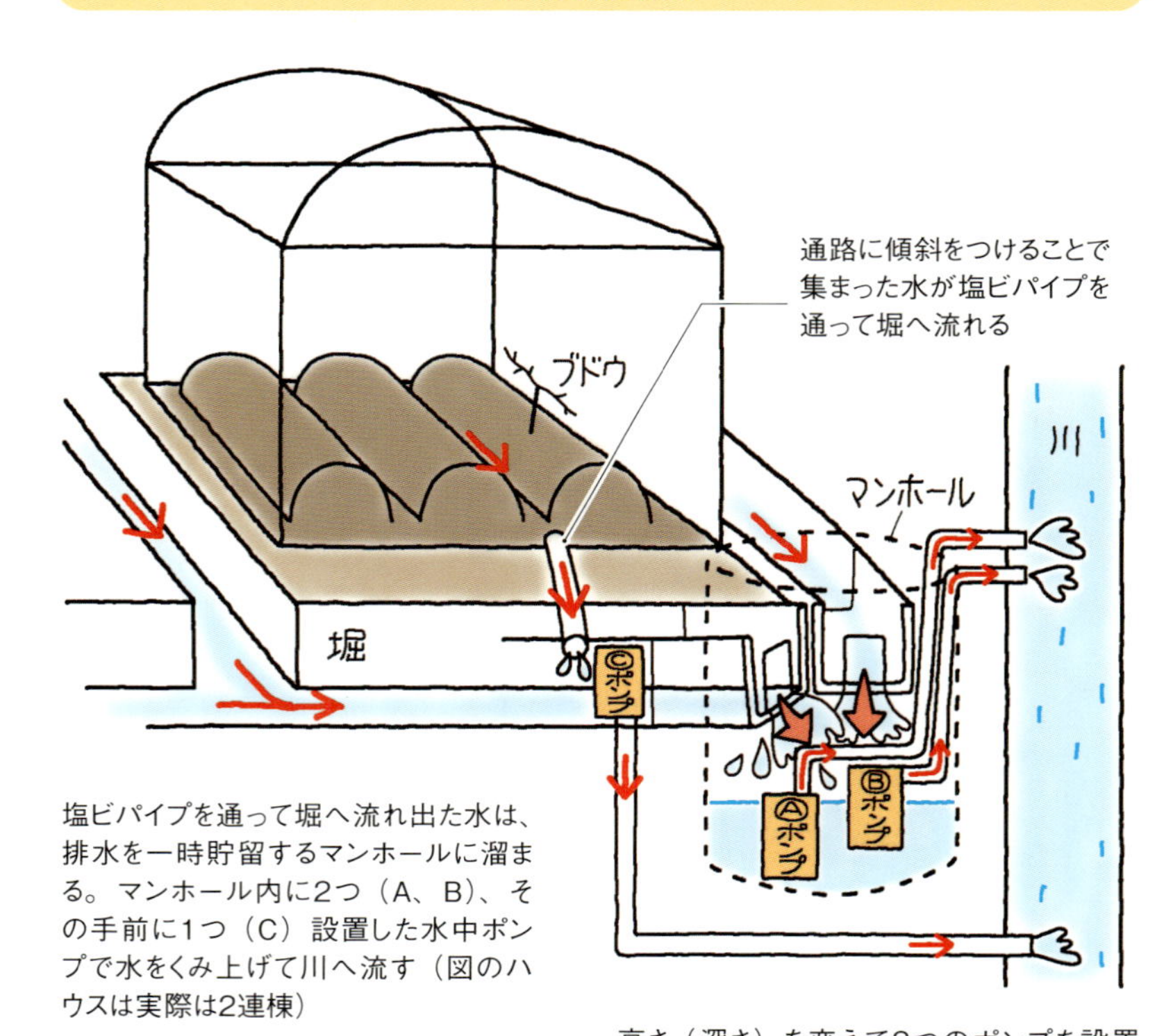

通路に傾斜をつけることで集まった水が塩ビパイプを通って堀へ流れる

塩ビパイプを通って堀へ流れ出た水は、排水を一時貯留するマンホールに溜まる。マンホール内に2つ（A、B）、その手前に1つ（C）設置した水中ポンプで水をくみ上げて川へ流す（図のハウスは実際は2連棟）

高さ（深さ）を変えて2つのポンプを設置。水量が増えるにつれてA、Bの順に自動で作動。それでも足りない場合はCのポンプも作動し、川に水を流す

の心配はない。堀に流れた水は、排水貯留用のマンホールに溜め、水位が上がってきたらポンプで吸い上げて川へ流す。

ハウス内の排水がよくなったうえ、海水の塩気がちょうどいい具合に地表に浮いてきて、絶品のブドウがつくれるようになった。

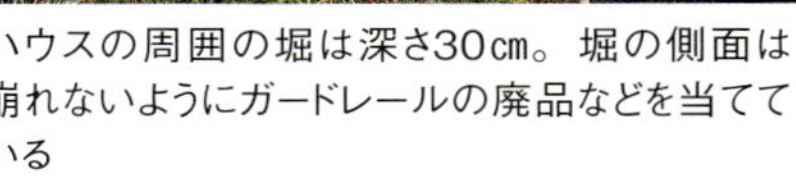

ハウスの周囲の堀は深さ30cm。堀の側面は崩れないようにガードレールの廃品などを当てている

大雨が続いた時は、堀に飛び出ている塩ビパイプにフタをする。ハウス内に水を逆流させないため

ミニトマトハウスの湧水対策

深さ50cmの明渠でバッチリ

北海道石狩市●伊藤芳昭

土壌断面調査で湧水を発見

２００７年に新規参入以来、ミニトマト専業農家として、キャロル10という品種をハウス７棟23aで栽培しています。夏秋の作型で収量は10a当たり６tを目指してきました。

就農当初から土づくりを経営課題の一つと位置付け、堆肥を施用し、ハウス周りには明渠も設置してきました。しかし、この地区の土質は非常に排水性の悪い重粘土で、改善効果は十分ではありませんでした。

ハウス内には毎年サブソイラもかけましたが、どうしても掘った跡が重なる場所などに水が滞留しました。また、近年は猛暑時にかん水量を増やそうとすると圃場の表面に水が溜まってしまい、根腐れなどの生育不良が発生していました。

そこで、より効果的な改善策を探るため、圃場を掘り、土壌断面を調査しました。その結果、地中40cmから湧水していることが、はっきり見て確認できました。

明渠の掘り直しが大成功

そこで、石狩農業改良普及センターの提案を受け、２０１５年６月にハウス周りの明渠を掘り直しました。図（次ページ）のように、深さは50cm、幅はハウスの立地条件を考えて40cm～

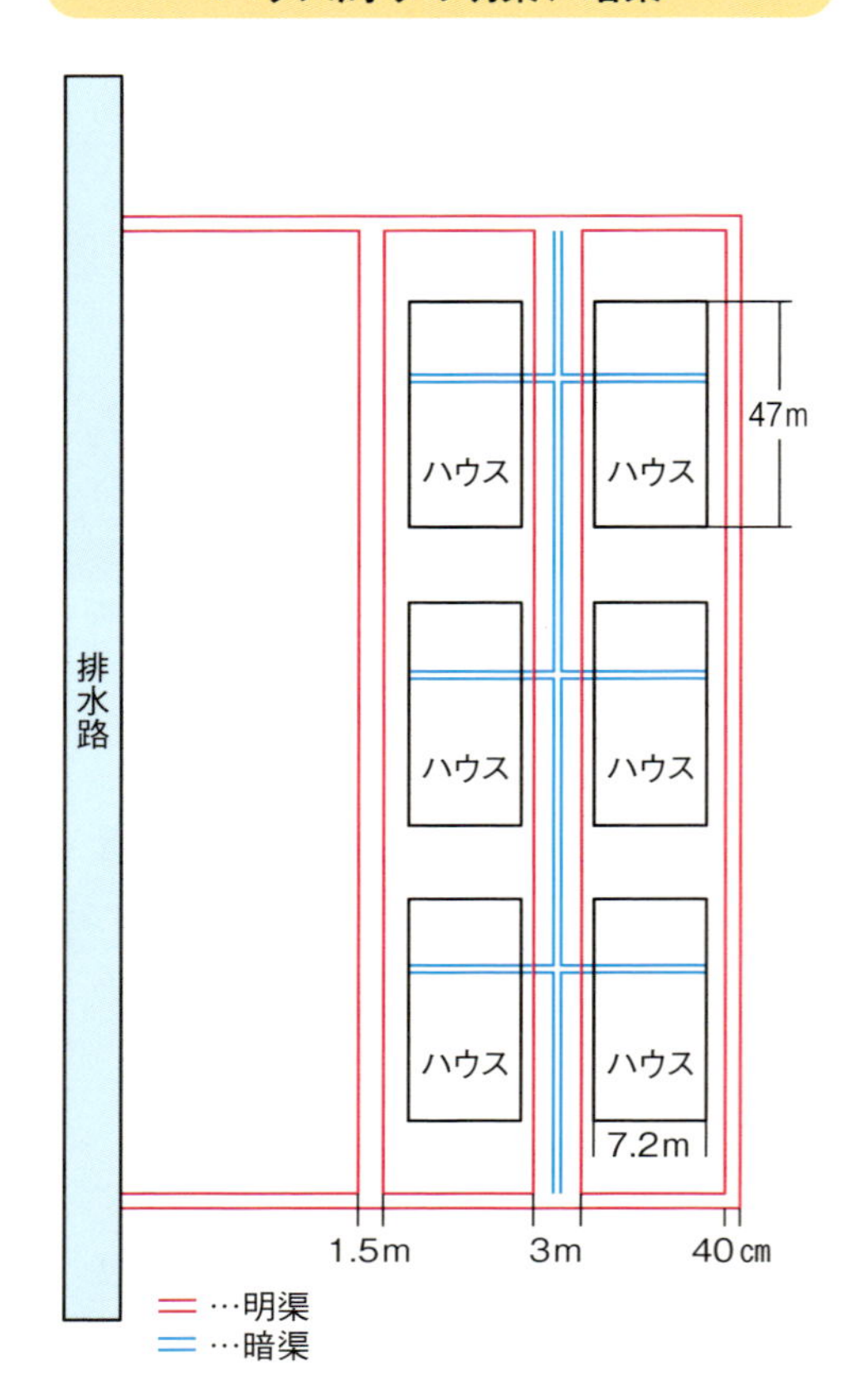

筆者と掘り直したハウス周りの明渠。深さは30～50cmほど

３ｍを確保しました。設置工事は地元の業者に委託しましたが、土砂の運搬も含め20万円ほどですみました。

　明渠を掘り直してから、同年11月に再び土壌断面調査を実施しました。その結果、地下水位が下がり、作土層が深くなったことが確認できました。収量も２０１５、２０１６年は目標だった10ａ６ｔを超え、販売額で２割ほど増えました。なお、明渠は今の様子なら５年ほどは改修なしでも大丈夫ではないかと考えています。

天井にかん水チューブ設置も

　２０１６年からは、普及センターの指導のもと、ハウスの天井の外側にかん水チューブを設置し、散水によってハウス内の温度を下げる試験も始めました。この方法は、どうしてもハウス側面の巻き上げ部分を開放するため水が流れ込み、以前の圃場ならできませんでしたが、今は排水が改善されたので心配ありません。実際に30℃を超える猛暑時には、天井にかん水して温度を下げています。

　さらに、今年11月には、サブソイラ耕の効果をよくするねらいから、暗渠の設置も予定しています（図の青線）。

第3章
暗渠で地下水を抜く

暗渠って、なんだ？

●編集部

土中の水を抜く陰の功労者

土中の水をうまく集めて排水路へと落とし込むのが暗渠、つまり地下を通る管だ。
水が溜まりやすい山つきの圃場や、粘土、泥炭といったやっかいな土壌の排水には必須。

耕盤
ロータリの爪で練り固められたりしてできた硬い土の層。暗渠の効きが悪くなる原因。補助暗渠を通して心土破砕することで通水が改善し、暗渠設備のメンテナンスにつながる（78ページ）

明渠

疎水材

集水

本暗渠
地下60～100㎝に暗渠管を入れ、縦浸透した水を排水路へと流す。暗渠管の上には水はけをよくする疎水材として、モミガラや竹、木の枝、砕石、軽石などが使われる。メンテナンスすれば30年以上持つ

暗渠管
コルゲート管、塩ビ管、竹など

これが暗渠だ

土中に浸み込んだ水を、一気に排出

サトちゃん（113ページ）の暗渠の排水口から落ちる水。土中の鉄分が暗渠管内で酸化して赤くなっている（依田賢吾撮影）

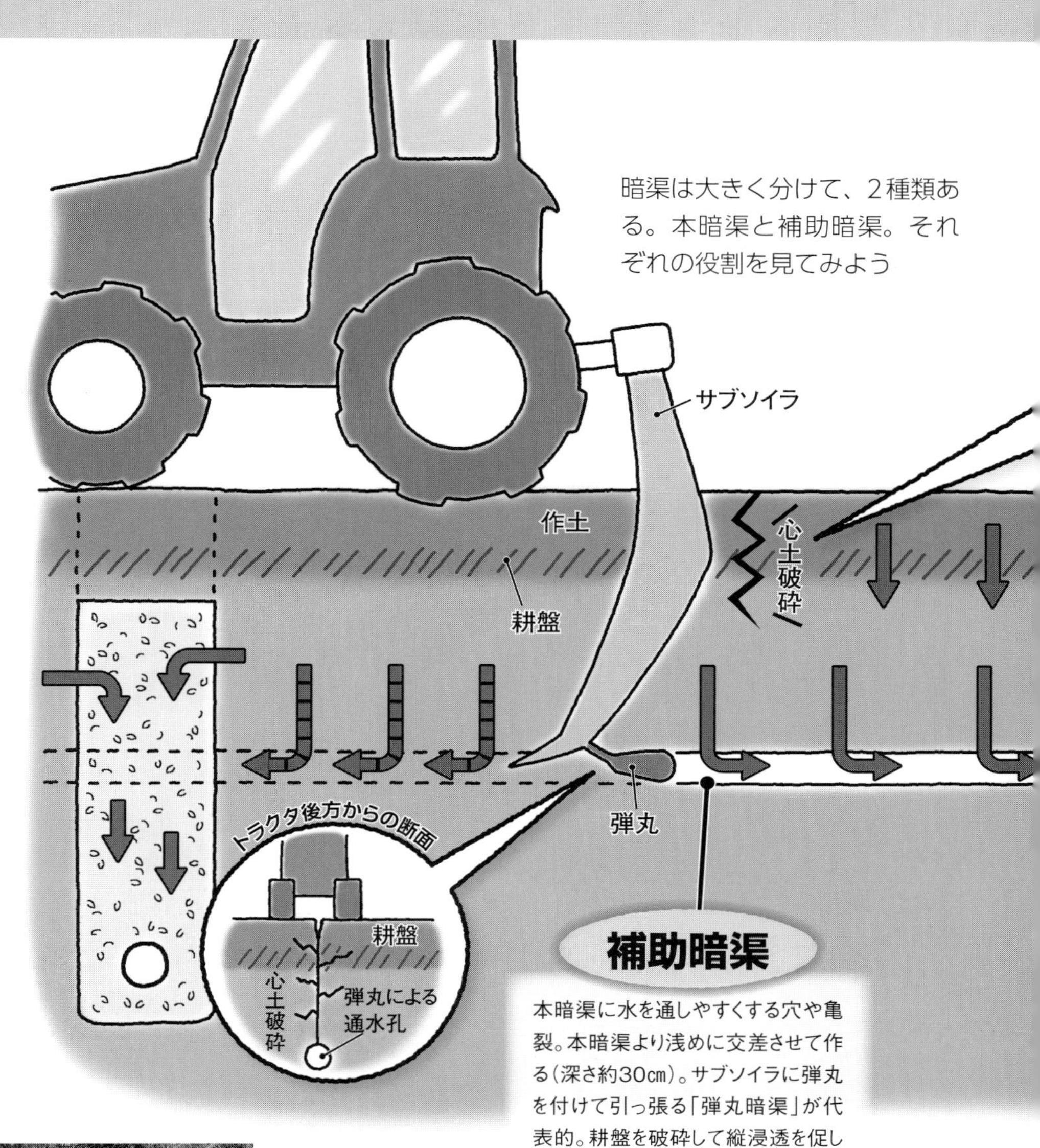

本暗渠に水を通しやすくする穴や亀裂。本暗渠より浅めに交差させて作る（深さ約30㎝）。サブソイラに弾丸を付けて引っ張る「弾丸暗渠」が代表的。耕盤を破砕して縦浸透を促しつつ、本暗渠に横から水を送り込む。穴や亀裂は1、2年でふさがる

材料は竹とモミガラ 耐久性よし

行木幸弘さんによる竹暗渠づくり（104ページ）（赤松富仁撮影）

暗渠はちゃんと効いている?

突撃暗渠掃除！ワイヤー1本入れてみました

茨城県筑西市●国松和美さん／岩手県奥州市●佐々木敬規さん

端っこの湿る田

常に水が溜まっているところもある国松さんの田んぼ。棚田になっているので、とくに上の田んぼ側の隅のほうが湿っている。

暗渠からは常に水がチョロチョロ。だがこれで「暗渠がちゃんと効いている」と思うのは早いとサトちゃんは言っていた。さぁこの田んぼの暗渠はどうなってるかな？（写真はすべて倉持正実撮影）

サトちゃんの暗渠掃除のやり方

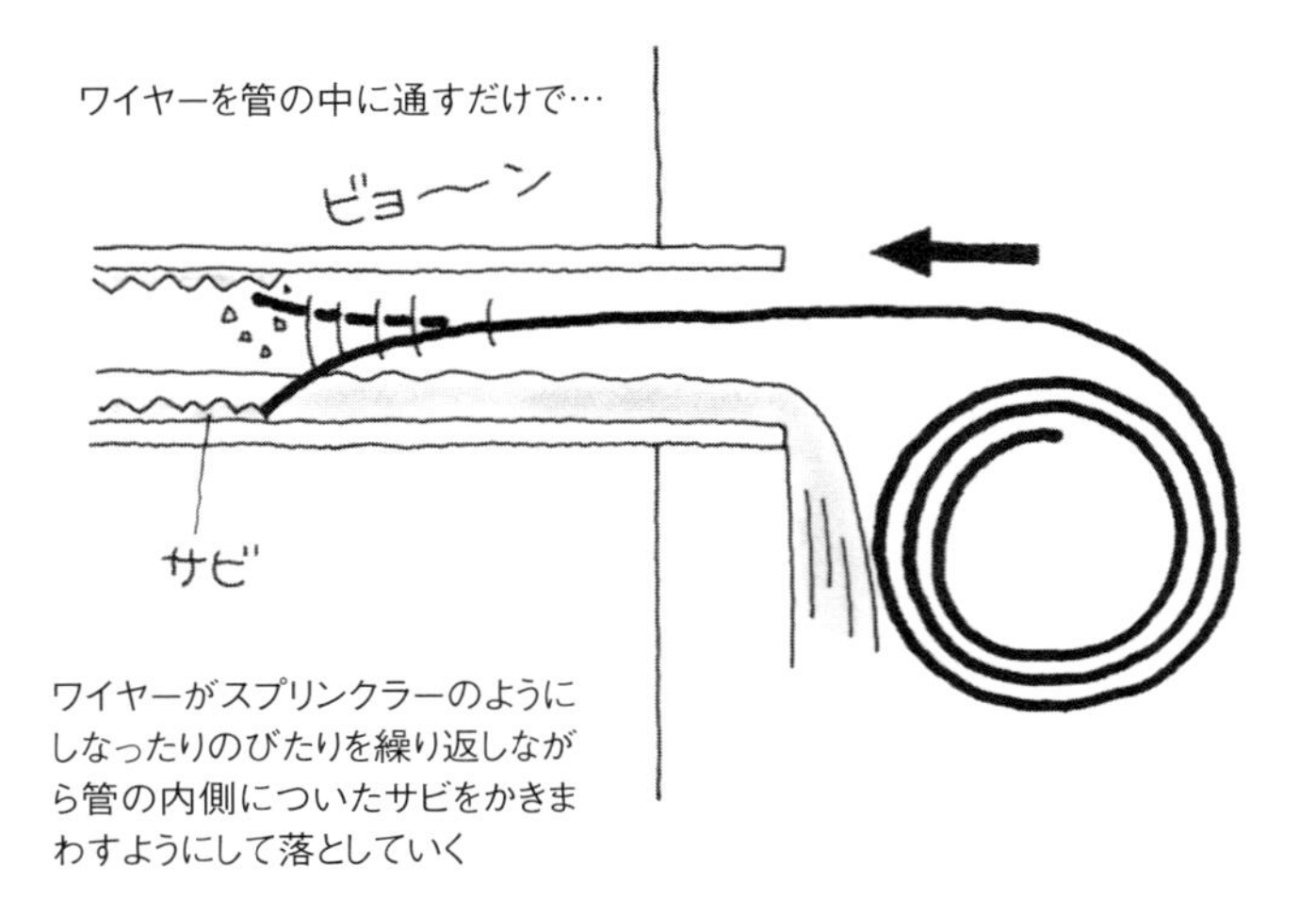

ワイヤーがスプリンクラーのようにしなったりのびたりを繰り返しながら管の内側についたサビをかきまわすようにして落としていく

排水口からワイヤーをスルスル通していくと内側のサビが落ち、赤い水がドロドロ出てくる（赤松富仁撮影）

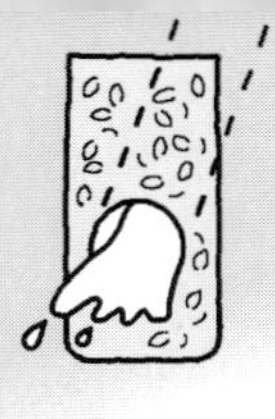

暗渠は掃除できる、しかもワイヤー1本突っ込めばいいという福島県の佐藤次幸さん（サトちゃん）。それだけで田んぼの排水性が格段によくなるなら、やってみない手はない。でも「実際うちの田んぼでもできるのかなぁ」と思った方も多いのでは。じゃあ実際やってみよう、ということで、田んぼの湿り気に悩む2人の田んぼを訪問。ワイヤーを突っ込んでみた。

国松さんの田んぼ

端っこが湿って コンバインで刈れない！

まずは茨城県筑西市「野菜村」の組合長、国松和美さんの田んぼだ。もともと沢と沼に頼る天水田だったところを基盤整備して10年。整備後湿り気がひどかったので7年前に暗渠を入れたのだが、問題なく稲作ができたのは2年だけ。その後はまた湿りやすくなってしまった。とくに端っこのほうは湿り気がひどく、コンバインで入れないからやむなく手刈り。それでも山間でおいしいお米がとれる田んぼだから、苦労してもつくりたいところなのだという。

「暗渠が途中で詰まってるのかなぁ」と考えたことはあるが、もちろん点検をしたことは一度もない。「ワイヤーだけでホントに暗渠掃除できるならいいよね」と国松さんも興味津々。よし、さっそく点検してみよう！

やっぱり詰まりが！

ワイヤーは、一見スルスルと管の中

やっぱり出てきた真っ赤な水！
押したり引いたり回転させたり、ワイヤーをグイグイ突っ込んでいくと、出てきた出てきた酸化鉄で真っ赤な水！　20mくらい進んだところだろうか。やっぱり詰まっているところはあったのだ

ちょっと曲げると入りやすい
ワイヤーの先端は、ちょっと曲げたほうがスムーズに管に入る。まっすぐのままだと土管の継ぎ目にすぐ引っ掛かる

暗渠を修理するはずが…

調子にのってグイグイ進んだが、やはりこれ以上入らないところにぶつかった。暗渠が詰まっているのだろうか。ワイヤーにテープで印をつける

詰まった箇所を見つけるため、ワイヤーを引き出してワイヤーが届いたところまで田んぼの中をまっすぐ歩いていく。結構遠くまで進んだなぁ。40mくらいは行ったかも

さぁ暗渠を掘り出して…あれ？　見つからない!?　管がまっすぐに来ていればこの辺りのはずだけど…位置がズレた？　もっと深いところにある？

暗渠が結構曲がってたのかなぁ？　今度バックホー使って見つけてみるよ

範囲を広げて60 ～ 70㎝の深さで掘ってみたが、結局暗渠は発見できなかった

を進みそうだが、じつはそうでもない。軽く進むところも確かにあるが、じつは結構硬かったり引っ掛かったりする部分も多い。でも諦めずにワイヤーをガシガシ突くと、詰まりがズボッと抜ける感触が！　酸化鉄いっぱいの水がダーッと流れ出した。サトちゃんも言っていたが、この瞬間は、たしかに快感。「やっぱり詰まってたんだねぇ」と国松さんも満足。

あれ？　暗渠が見つからない

ところがその後、想定外のことが起

暗渠工事は、やっぱり立ち会ったほうがいい

「暗渠」というだけに、暗渠は埋めてしまった後からでは、管の方向、深さ、疎水材の種類などはまったくわからない。排水口から一直線につながっている暗渠が多いようだが、中には地形の関係でいきなり直角に曲がっていたり、T字に分岐していたりするところもある。そんな暗渠は、排水口からワイヤーを突っ込むことは難しいから、掘り出して穴を開け、そこからワイヤーで掃除する必要がある。

また工事はたいてい補助事業で行なうため、あまりなじみのない業者が施工することも多い。工事に立ち会えればいいのだが、そうでないと管が本来湿りやすい部分とはまったく違うところに入ってしまったり、ひどいときは、本来排水口のほうが低くなるべき勾配が、途中で狂ったまま埋められてしまうこともあるのが現実だ。

そんな事態を防ぐことはもちろん、自分の田んぼにどんなふうに暗渠が入っているのかを知っておくためにも、やっぱり田んぼの暗渠工事には立ち会って、しっかり見ておいたほうがよさそうだ。

第3章　暗渠で地下水を抜く

カラッカラに乾いた暗渠

佐々木敬規さん。基盤整備してから5年、暗渠を入れてから3年しか経っていない田んぼなのに、湿りやすいという。暗渠の排水口は、カラッカラに乾いている。管内の水が完全に抜けているということ？　でも周りの田んぼの暗渠を見ると、どこも水がチョロチョロ出ている。ここだけ出ていないということは、ひょっとして詰まっている…？

水が出てきた！

ワイヤーを入れて10mも進んだところだろうか、濁った水がチョロチョロと出てきた。やっぱり管内に水はあったのだ

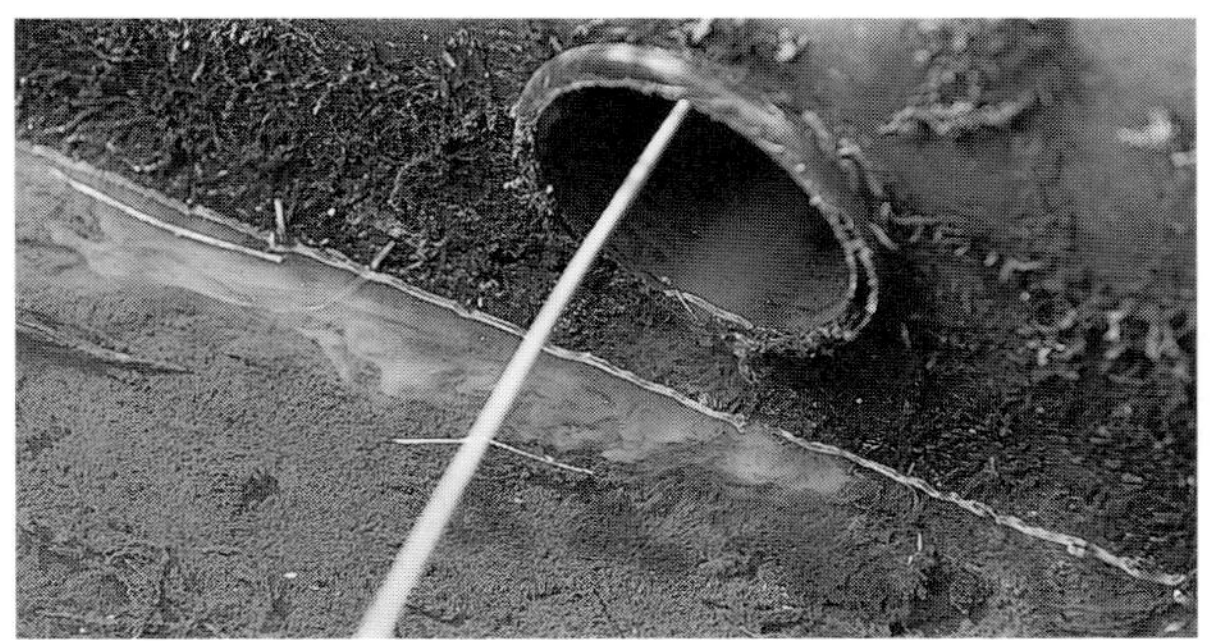

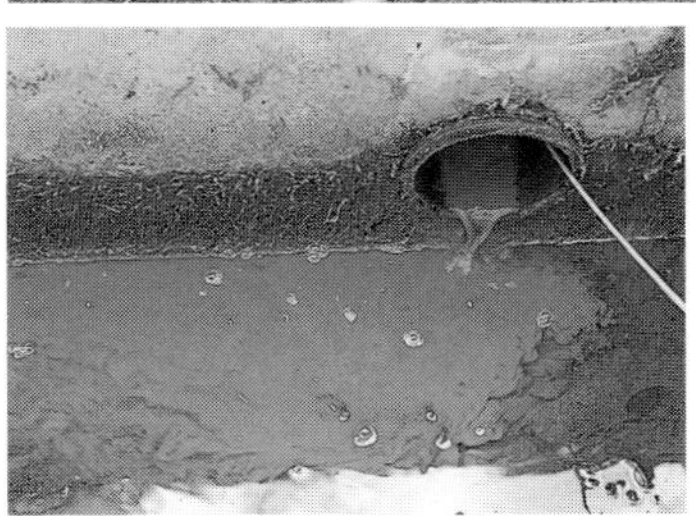

さらに40 ～ 50mも進むと硬いところが。ガシガシ突いて抜けたら、赤茶色の水がダーッと流れてきた！　どうやら詰まりを突破した!?
でもさらにしばらく進むと水の勢いが弱まり、ワイヤーもこれ以上進まなくなった。よし、暗渠を掘り出してみよう

田んぼの断面図

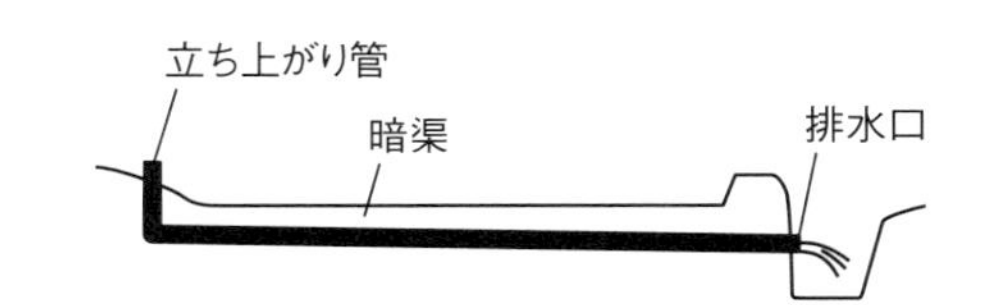

きた。しばらく進んでもうワイヤーが入らなくなったので、その地点の暗渠を掘り出そうとしたのだが…、掘っても掘っても暗渠が見つからないのだ。「ここのはず」という見当むなしく、疎水材や埋め戻した跡などの手がかりもわからなかった。「工事で見ておけばよかったなぁ」と国松さんも残念そう。

佐々木さんの田んぼ

水はけ悪く、早めの二山耕起ができない

次に訪問したのは、岩手県奥州市水沢区の佐々木敬規さんの田んぼ。ここは、暗渠を入れてからまだ3年しか経っていない。それなのに田んぼが湿りやすくて困っているという。

暗渠を入れた年は、サーッと土が乾いて「さすが暗渠だ」と思ったが、2年目からいきなり水はけが悪くなって、自分の家の小さなコンバインではイネ刈りできないほど湿るようになってしまった。

自然農法歴約30年の佐々木さん、『現代農業』2007年5月号（「二山

30㎝くらい掘ったところで、黒いネットが出てきた。その下には砕石が見える。今度こそ暗渠発見だ！

砕石を取り除いていくと、出てきた出てきた。ポリ管タイプの暗渠だ

暗渠を掘り出す
今回は80mくらいは進んだ。ワイヤーにつけた印のあるところを掘ってみると…

耕起で草が生えない」）で話題になった二山耕起に一昨年から挑戦している。ところが春先に田んぼがうまく乾かないため、早くから二山耕起したくてもなかなか田んぼに入れないのだ。結局今年は草に悩まされ、人手を頼んで反当10万円もの労賃がかかってしまった。ただでさえ米価が安いのに、この出費は痛い。なんとか田んぼを乾かして、二山耕起で草を抑えたい！

カラカラ暗渠から水が出てきた

カラカラに乾いているように見えた佐々木さんの暗渠。でもワイヤーを突っ込んでみたら、赤茶色の水が流れ出てきた。やっぱり途中で水が閉じ込められていたのだ。濁りから判断するに、酸化鉄以上に粘土のような泥が多い。また濁りに混ざって、なぜか落ち葉やカエルの死骸も出てきた。排水路の水が多いときに、暗渠の中を水が逆流したのだろうか？　なるほど、カラカラに見えた暗渠にも、いろいろなドラマが隠れている。「点検」は、おもしろいものも見せてくれる。

調子に乗ってどんどん奥へと進んだが、しばらくすると水の勢いがまた弱

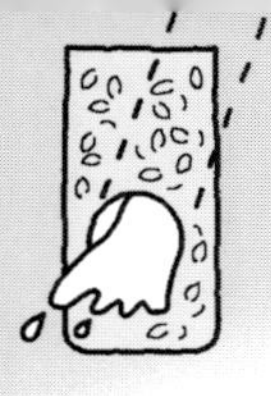

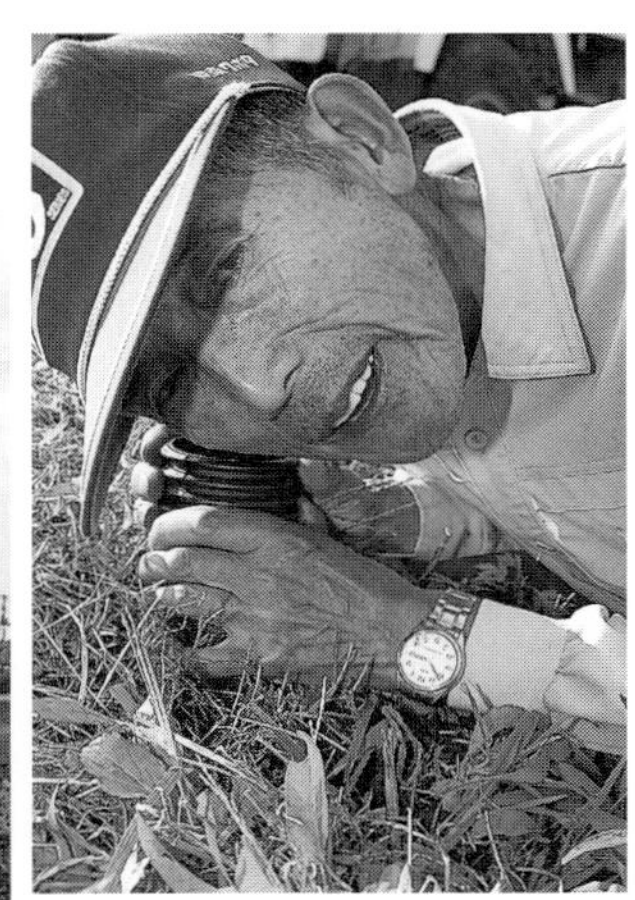
暗渠の立ち上がり管に耳をあて、ワイヤーが端っこまで届いたか音で確認する佐々木さん

カンカンカン、ワイヤーが端に届いた音が聞こえた！暗渠が開通したぞ！

ポリ管の水を取り入れる穴を少し広げてワイヤーを突っ込み、奥と手前を掃除。とくにひっかかりもなく順調に進む

まった。ワイヤーもなかなか進まなくなったし、ひょっとするとまた詰まりがあるのかもしれない。やはり暗渠を掘り出してみよう。

暗渠を掘り出して確実に開通

今回は立ち上がり管もあったので暗渠の位置の見当がつけやすく、たった30㎝掘るだけですんなりと疎水材が出てきた。位置さえ正確なら、暗渠を見つけるのは本当は簡単なのだ。

掘り出した暗渠にワイヤーを突っ込み、奥と手前を掃除。しかしワイヤーはスルスルと進み、とくに目立った詰まりは見つからなかった。排水口から80ｍくらいワイヤーを入れたので、さすがに押し込むのが大変になっただけだったのか。最初の詰まりを突破した時点で、水は一通り抜けていたのかもしれない。それでも端から端までワイヤーが確実に開通したのを確認。これで来春の水はけが改善されれば言うことなしだ。

わが家の暗渠クリーナー

逆噴射ノズルが便利

秋田県横手市●橋本 暁

逆噴射ノズルの水の出方

暗渠
水の出方
汚れ
動噴のホース

逆噴射ノズル。後ろは6穴（直径0.8㎜）、前方の真ん中にも1穴（直径1㎜）

水を流すと、赤いサビた水が流れてきた

昨年、私が所属している「農事組合法人たのうえ」で、初の暗渠掃除に挑戦しました。県内の農器具屋さん、㈱木村機材にお願いして逆噴射ノズルを作ってもらい、畑で使っている動力噴霧機の先端に取り付けました。ノズルを暗渠に入れていくと、写真のように暗渠の中から汚れた赤い水が……。高圧の水を進行方向とは逆にも噴射するため、洗浄しながら自分で奥に進んでいきます。ぐいぐい押しこむ必要はありません。

ノズルは2万1000円でした。50mの暗渠を洗浄するのに100ℓ程度の水を使うので、水の補給には手間がかかります。そのため、農道にトラクタを置ける暗渠のみを試してみました。動噴とタンク2個を運ぶため、トラクタ3台は必要になります。

しかし赤い水が出たときには、みんなどよめきました。スッキリ爽快！　そのせいだと思っているのですが、今年は暗渠も効きやすかったように思います。

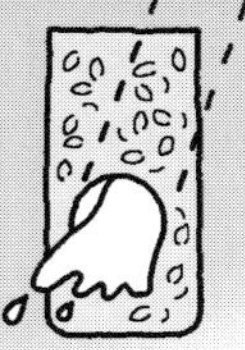

逆噴射ノズルでぐいぐい進む

暗渠掃除の作業を拝見

福井県福井市●南江守生産組合

暗渠を貫通したホースが、立ち上げ管（空気取り入れ口）から顔を出した（江平龍宣撮影、以下表記のないものすべて）

ウナギが顔を出した!?

暗渠排水の立ち上げ管付近で待ち構えていると、かすかに水の音が聞こえてきた。音はまたたく間に大きくなり、近くに迫るとゴォーッと轟音を響かせ、突如、噴水のような水しぶきを巻き上げた。同時に、逆噴射ノズルが取り付けられたホースの先が、グニュッと姿を現わす――。まるで、ねぐらから顔を出したウナギのような格好で。

11月下旬、南江守生産組合による暗渠掃除の現場。イネの収穫後に播いた大麦が、草丈30㎝ほどに育っている。それを収穫したらダイズを播いて、その後、またイネを2作続ける。3年4作のブロックローテーションだ。

暗渠排水を設置したのは、１９９４～97年。もう20年も前の話だが、10年前から続く暗渠掃除の甲斐あって、今もしっかりと効いてくれる。

「雨がどっと降った後でも、水の引きが早いんです。額縁明渠の排水口から流れる水が細くなっても、暗渠の出口からはたくさんの水が流れている。そんなのを見ると、確実に抜けてるな、と感じますね」と組合長の杉本進さん。

逆噴射ノズルで管内を自走

暗渠排水の掃除には、逆噴射ノズルが使われる。巻き取り式の動力噴霧機の先につける高圧洗浄ノズルなのだが、逆方向に6つの穴が開いていて（進行方向にも1つ）、噴射される水の勢いが推進力となり、コルゲート管の中を自走する。

とはいっても、長年使ってきた暗渠には、地盤沈下でできた凸凹などもある。途中で止まると、機械のオペレー

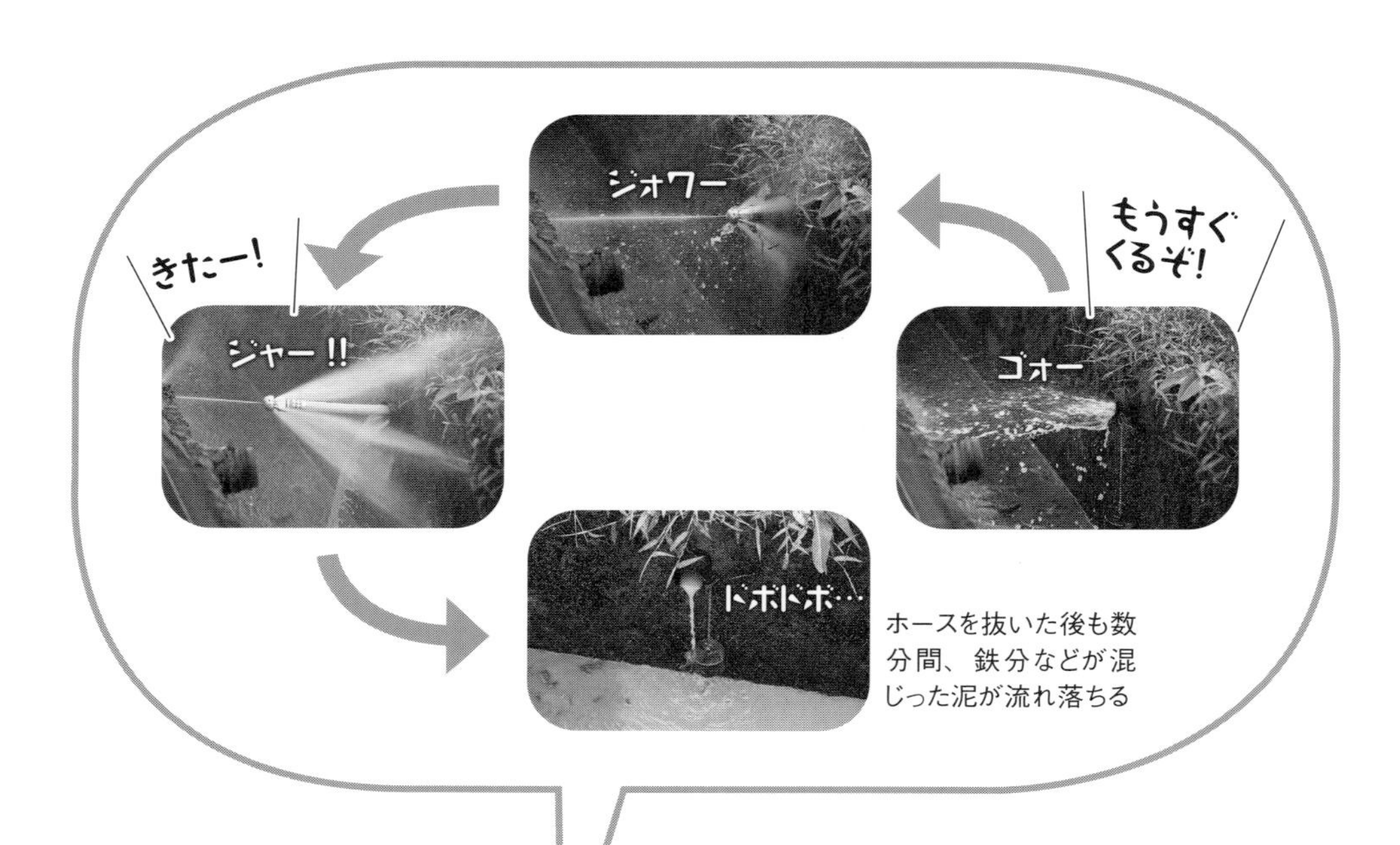

ホースを抜いた後も数分間、鉄分などが混じった泥が流れ落ちる

3人一組で暗渠掃除

3人一組で作業する

暗渠の立ち上げ管からホースを突っ込む。基本は出口からだが、機械を置ける場所がない場合は立ち上げ管から

夕が水圧を強めたり弱めたりして勢いをつける。管にホースを送り込む係の作業者も、息を合わせて、グイッグイッと前に押しやる。

圃場によっては100m以上も先まで続く管である。これを貫通させ、水しぶきを上げた瞬間は、ちょっとした爽快感、達成感を味わえるに違いない（成功率は約7割）。とはいえ、寒空のなかで朝9時から夕方5時まで続ける作業。地道で骨の折れる仕事であることは間違いない。

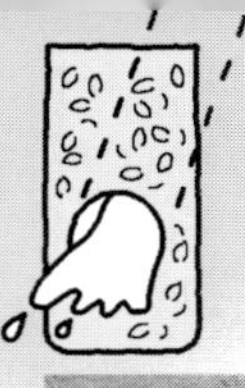

逆噴射ノズルで100m5分！

満水の田んぼでラクラク暗渠掃除

熊本県農業研究センター●大見直子

防除用動噴が排水口に到達したところ。後方への噴射、排水口からの泥水（洗浄された土砂混じりの排水）が見える

立ち上がり管側から作業

暗渠は、水田の湛水・排水を調節する機能をもち、水稲の生育安定やコンバインなど機械作業性の向上、乾田化による畑作物の導入に不可欠な施設です。しかし、暗渠の効果を保つために必要な洗浄などのメンテナンスは、「やり方がわからない」「機材や労力・時間の面で大変そう」などの理由で二の足を踏まれる方が多いと思われます。

暗渠掃除は、イネ刈り後の落水した状態で、排水路側から洗浄する方法が一般的です。しかし、ホースに大きな抵抗がかかり、スムーズに挿入しにくいうえ、排水路に重い機材を運び降ろす労力も負担となります。

そこで熊本県農業研究センターでは、暗渠管内が水で満たされた湛水期に洗浄する方法を開発しました。これならホースに浮力が働き、小さな力でホースを挿入することができます。また、立ち上がり管（道路側・暗渠上流側）から洗浄するため、トラックに道具を積んだまま作業可能で、省力的かつ効率的です。

浮力でホースの重さが10分の1に

準備するのは、①防除用動噴、②洗浄する暗渠延長より長い耐圧ホース、③逆噴射ノズルと、作業員2名です。

作業のイメージを次ページの図に示しました。まず、暗渠の排水口が閉まっているか確認します。次に、逆噴射ノズルを装着したホースを立ち上がり管から挿入した後、動噴のエンジンを始動し、ホースを押し進めます。排水口側で水流音が聞こえたら、排水口に逆噴射ノズルが達した合図です。排水口を開け、排水の濁りがなくなるまで排水します。ホースを巻き戻す間も動噴を動かし往復洗浄すると、洗浄効果は高まります。

コルゲート管内の凹凸が見える程度に付着物がある暗渠（施工後8年）で試験したところ、暗渠管内に水がない

軽トラに動噴を載せたまま、立ち上がり管側からホースを挿入する。用水に水が流れている時期なので、動噴用の水の確保もラク

暗渠掃除の作業イメージ

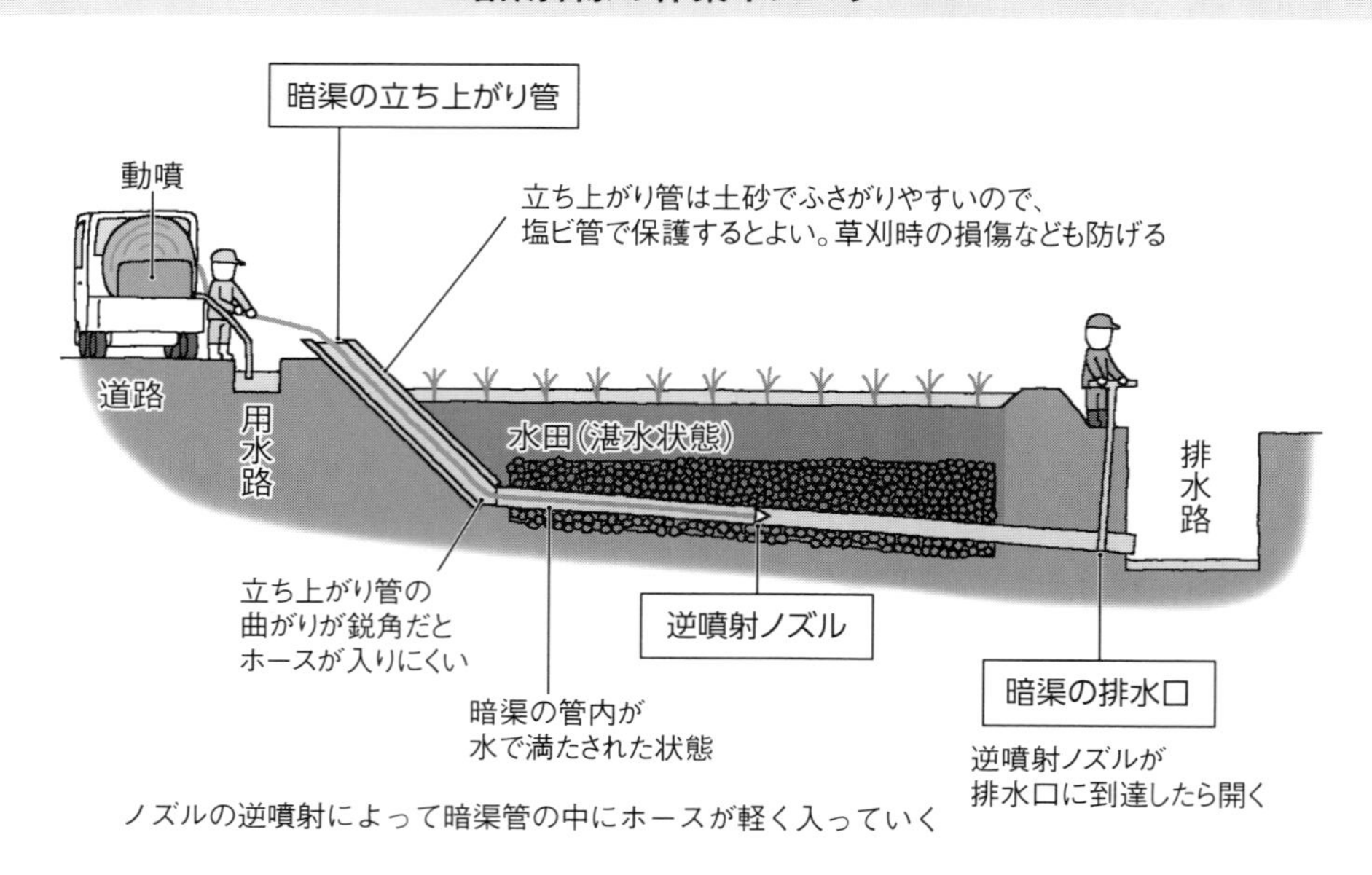

逆噴射ノズルの噴口

前方　後方

中圧タイプ

真鍮製。後方に6つ噴口（直径1㎜）

前方　後方

高圧タイプ

ステンレス製。後方に6つ、先端に1つ噴口（直径1㎜）

＊いずれも永田製作所の商品

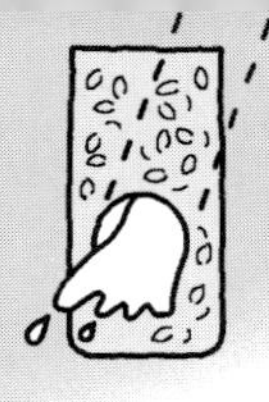

目詰まりの激しい暗渠管を洗浄すると……

管内の凸凹がわからないほど著しい付着の暗渠（火山性の酸性硫酸塩土壌）を高圧動噴（常用使用圧力4.0MPa）、高圧タイプのノズルで洗浄した

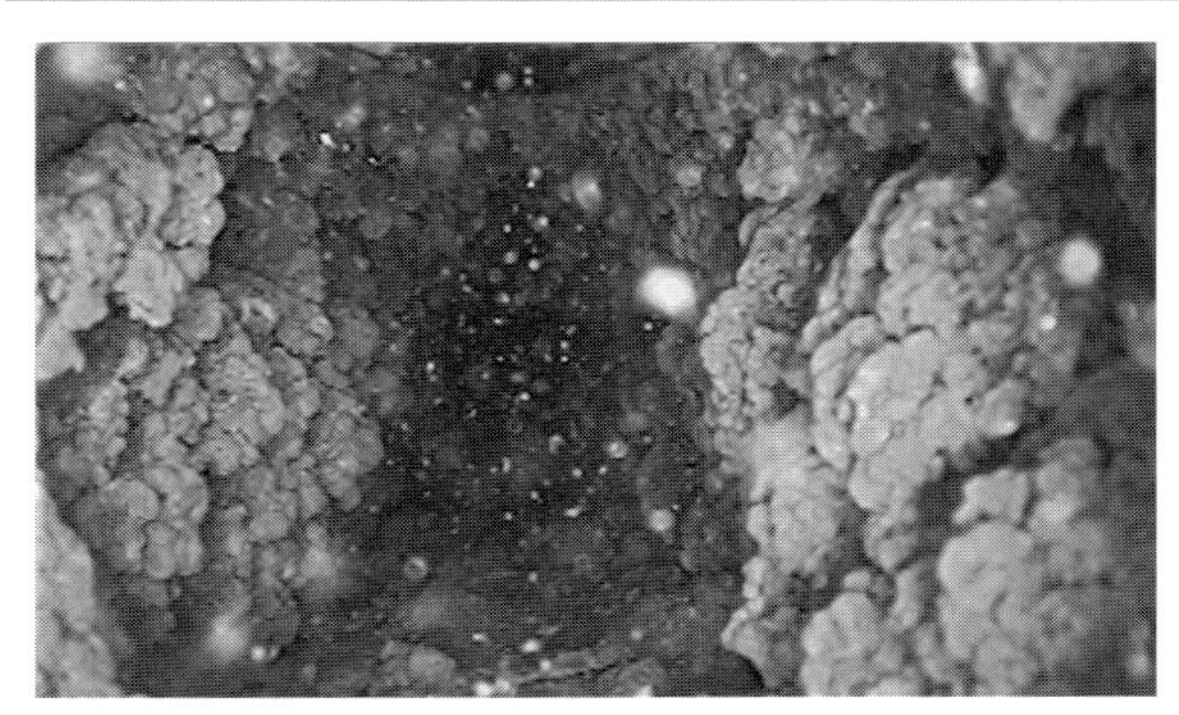

洗浄せずに施工後5年経過した暗渠

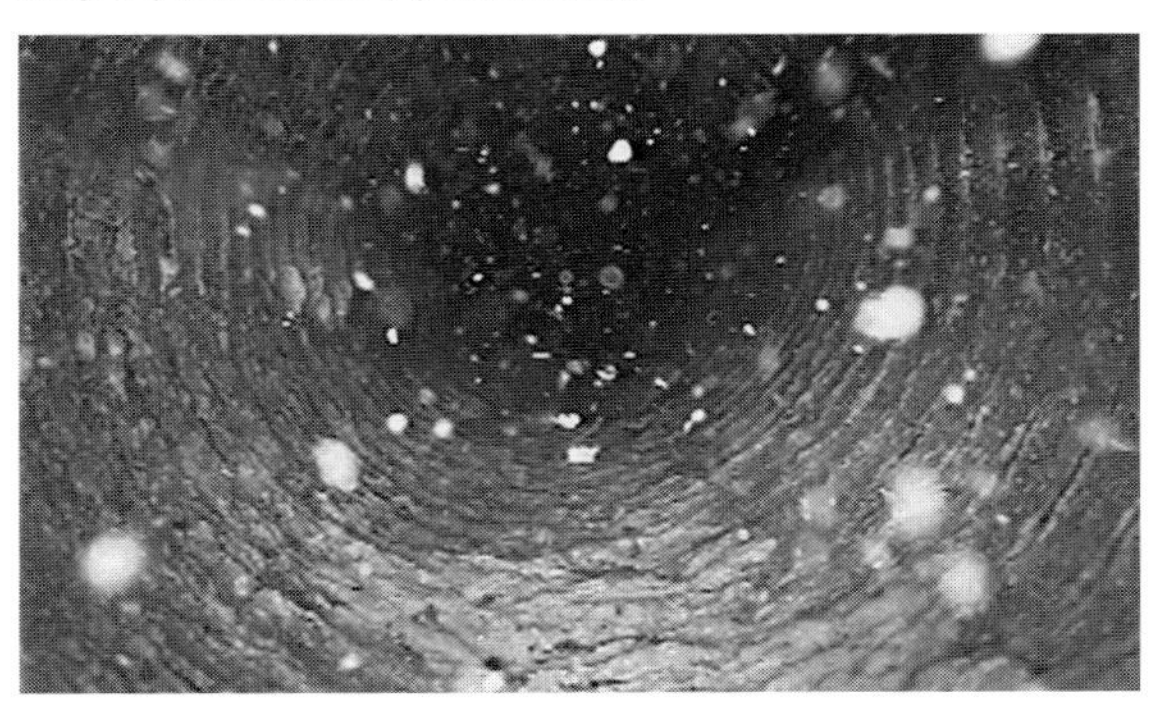

施工後3年で洗浄し、2年経過した暗渠

状態では、１時間以上洗浄を続けても１００ｍの暗渠の半分程度（約60ｍ）しか到達しませんでした。これに対し、水で満たされた状態では、15本中14本で末端（１００ｍ）まで洗浄できました。しかも、洗浄に必要な時間は暗渠1本当たり5分程度で、準備や片付けの時間を含めても13分程度と、非常に短い時間で作業できました。

管内に水を満たすと洗浄しやすくなるのは、浮力が働き、ホースの見かけの重さが水がない時に比べて10分の１程度に減少するからです。これに加え、ノズルからの逆噴射が前方への推進力となり、ホースを送り出す程度の力で洗浄することを可能にしています。

中干しの落水に併せた洗浄がおすすめ

洗浄に適しているのは、水田が湛水状態の時期です。暗渠管内が確実に満水であり、洗浄水を用水路から取れるメリットもあります。排水口を開放する必要もあるので、中干しの落水に併せて実施するのがおすすめです。労力と時間はかかりますが、非湛水期でも洗浄は可能です。まとまった雨が降った後、あるいはエンジンポンプで立ち上がり管から注水するなどします。

試験水田では、洗浄により目詰まりが改善され、排水量が約１・４倍に増加するなど、暗渠機能の回復が確認されました。ただし、２～３年後には再び管内への付着が見られるようになります。暗渠の機能を維持するためには、定期的な洗浄が不可欠です。なお、付着のスピードは、土壌条件などにより差があるので、各地域で追跡調査を実施中です。

もし、水田の暗渠に立ち上がり管がなかったり、誤って切断・埋没・閉塞している場合は、暗渠に管をつなぎ足して立ち上がり部を備えてください。また、目詰まりが激しく、満水状態でもホースが進まない時は、逆噴射ノズルを先端にも噴口があるタイプに、動噴をより高圧な機種や高圧洗浄機に替えると、洗浄できる可能性が高まります。

その暗渠、ホントに効いてない？

簡易診断と機能回復法

北海道立総合研究機構
中央農業試験場●塚本康貴

写真1　暗渠管を掘り出してみた。この圃場は、土が青灰色の部分まで長期間水が溜まりっぱなしであることがうかがえる

72圃場、穴を掘って確かめてみると…

私は仕事柄、水田や畑の排水に関する相談を受けています。今回ご紹介する内容は、暗渠排水の整備後さほど年数が経っていないのに「暗渠が効いていない、圃場が乾かない」という農家の相談を受けての調査からわかったことです。

写真1は暗渠排水が施工された状態です。昔は暗渠管を土の中に埋めるのみでしたが、最近は暗渠管の上に水通りのよい疎水材を埋設する仕組みです。この仕組みで暗渠が効いていないとすると、疎水材の目詰まりや暗渠管の詰まりといった暗渠施設の問題と、疎水材周辺の土壌が水通りの悪い状態になったり、暗渠出口が泥や水で塞がっている、といった暗渠施設以外の問題が考えられます。

そこでこれらの内容について、暗渠排水の施工後4〜24年経過した水田31カ所と、施工後3〜15年経過した畑41カ所において、実際に暗渠管が埋設されている場所で穴を掘り確かめてみました。

暗渠は詰まっていなかった!?

まず、疎水材の水の通りやすさを調べました。図1の「飽和透水係数」が水の通りやすさの値です。北海道ではいろいろな種類の疎水材が使われていますが、今回調査した圃場で使用されていた疎水材はすべて10^{-3}㎝／秒以上の適した値で問題ありませんでした。

次に疎水材が崩れていたり、腐ってなくなっていたりしないかを調べました。写真2左は施工後8年が経過した砂利の疎水材の状態ですが、施工当時の状態を維持しています。砂利などの腐らない資材は、施工後年数が経過した圃場でも疎水材周辺の空洞化や崩落は見られませんでした。一方でモミガラや木材チップなどの腐朽する資材は、埋設された場所の土壌水分環境に大きく影響され、とくに畑では施工後年数が経過するにしたがい腐朽する傾向にあります。写真2右は施工後10年の畑圃場での木材チップ疎水材の状態です。見た目はボロボロで疎水材の量がかなり減少しており、空洞化や周辺土砂の崩落が確認できました。

暗渠管の詰まり具合も目視で確認してみました。今回の調査では水の通りを阻害するほどの詰まりはありませんでした。ただし、酸性硫酸塩土壌地帯や泥炭地では、鉄酸化細菌の代謝物で詰まることがあるため定期的な暗渠管内の清掃や対策が必要です（写真3）。

問題は暗渠管の外側にあった

暗渠施設に問題がないのなら、暗渠管周辺の土壌状態はどのようになっているのでしょうか。

水田の排水不良圃場では、土壌が強い酸素欠乏の状態で、作土のすぐ下から青灰色でドブ臭いニオイのする粘土の層が現われました。地下水位が高く土壌中の隙間が少ない傾向で、作土下の浅い位置から土が硬く締まっている状態や、地表面が作業機械によって練り返されている圃場の割合が高い結果となりました（次ページ表）。水田ではこれらが排水機能の低下要因となって、土壌中の余分な水が排出できずにとどまり続けていました。

なお、不良圃場の中には、暗渠出口が水没していたり、出口が閉めっぱなしのままで、開けると溜まっていた地表面の水が瞬く間に暗渠出口から出てくる事例もありました。排水不良の原因は普段の維持管理にあると思われました。

畑では、ほとんどの排水不良圃場が作土下の浅い位置から土が硬く締まっている状態です。土壌の堅密化による浸透阻害が排水機能の主な低下要因でした（表）。また水田と同じく暗渠出口の水没、埋没により排水できない圃場もありました。

写真２　疎水材の違いによる暗渠施工後の比較

無機質疎水材（砂利・施工後8年）

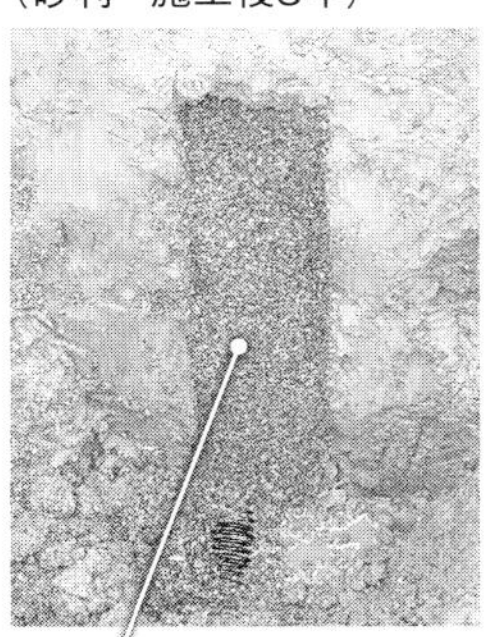

断面に崩れは見られず。施工時の形状を維持

有機質疎水材（木材チップ・施工後10年）

空洞化や周辺土砂の崩落が見られた

図１　疎水材の透水性

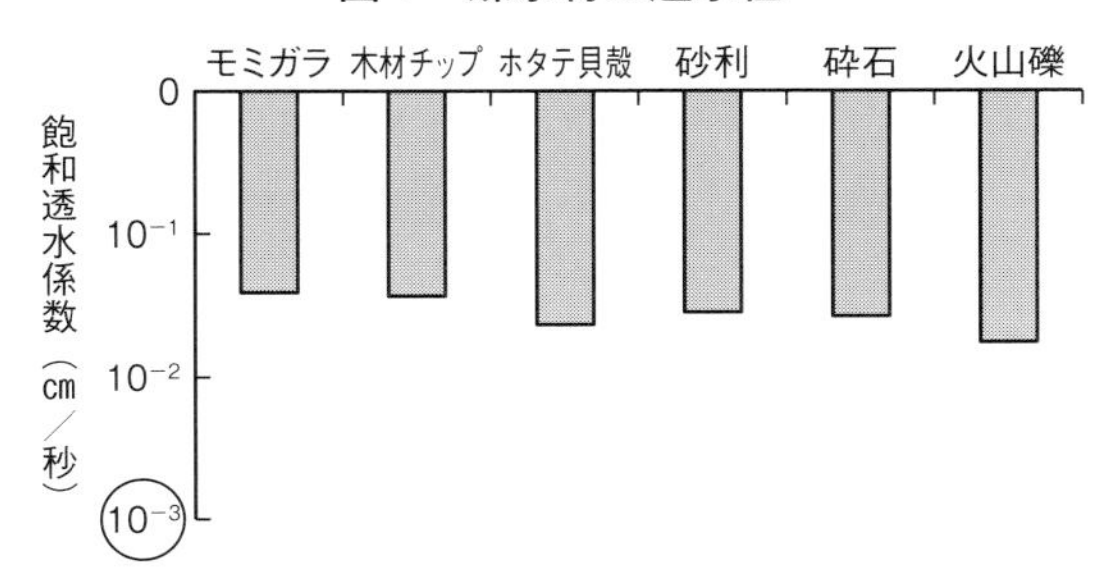

＊飽和透水係数は数字が小さいほど（下向きの棒グラフが長いほど）透水性が悪くなる

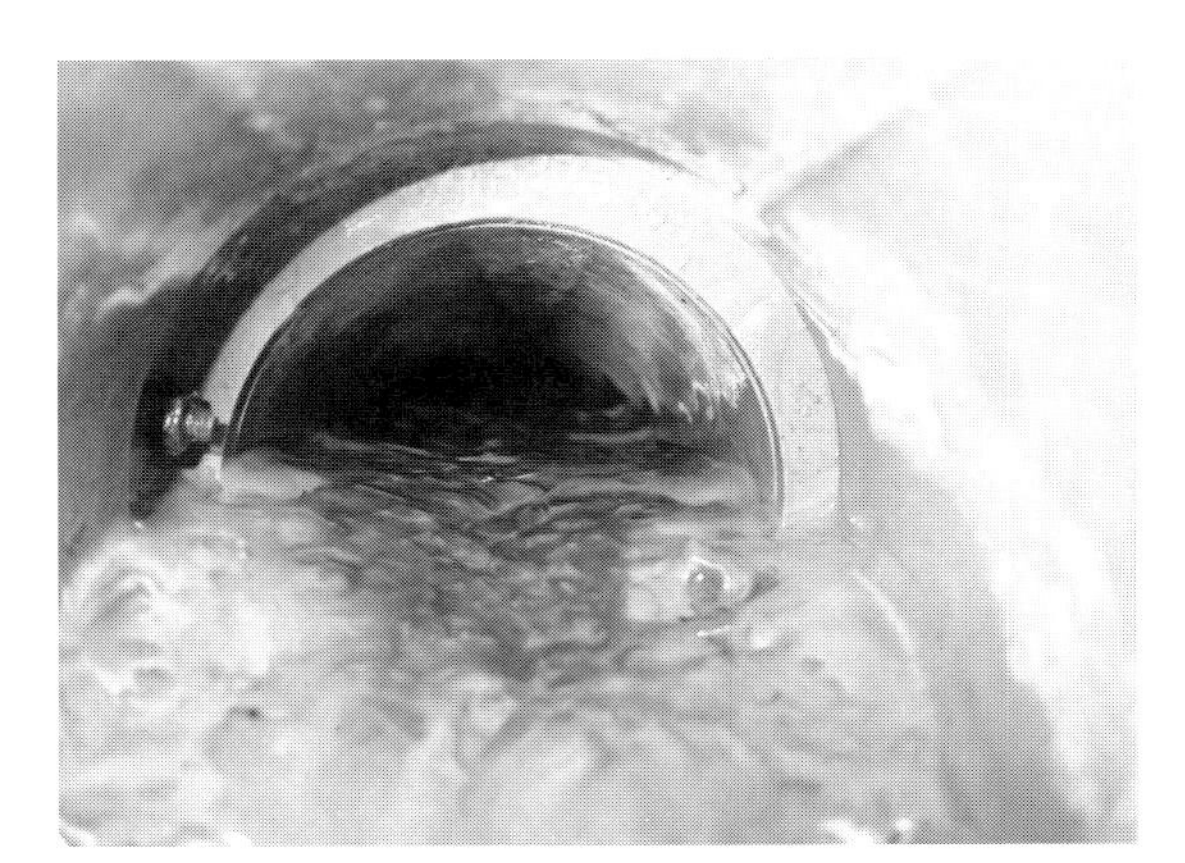

写真３　鉄酸化細菌の代謝物が詰まった暗渠

圃場の排水機能のチェックポイント

以上の結果をもとに、圃場の排水機能のチェック方法を図２に示します。チェックの順序は、まずは①圃場周囲の地形や排水路の状態を確認し、暗渠から出た余分な水が圃場の外に流すことができる状態かを確認します。次に②圃場の中の暗渠埋設部周辺の土壌の状態をチェックし、最後に③疎水材や暗渠管の状態を確認します。

対策は農作業で実施できる内容と、事業対応となるものがあります。今回は農作業で実施できる対策を中心に話を進めます。

①圃場周囲の地形や排水路

圃場が周囲より低い所にあり、圃場と排水路との高低差がなく、地表面に余分な水が溜まりっぱなし、または排水路に水が溜まり暗渠出口が水没している場合は、圃場内の余分な水を圃場外に排出困難な状態です。事業による排水路整備が必要ですが、農作業で対応するには、圃場内に排水用の溝（圃場内明渠）を掘るなどして地表排水をできるだけ促進します（写真４）。

また、暗渠出口や排水路が土砂で詰まって圃場が排水不良となっていることもあります。圃場の周りの様子を今一度確認してみましょう。

傾斜地の下部に水が溜まる圃場は、ここに排水用の暗渠や補助暗渠を設置することも効果的です。

②暗渠埋設部周辺の土壌——色と硬さ

次に圃場の土壌状態を確認します。たとえば地表面が濡れている状態をトラク

排水不良圃場の土壌の状態

地目	項目	全排水不良圃場に対する割合（%）
水田	土層が強い酸素欠乏	100
	地下水位が高い	85
	土壌中のすき間が少ない	80
	粘質	80
	堅密な層がある	70
	表層が泥濘状	60
	暗渠出口の水没、水閘閉鎖	10
畑	堅密な層がある	94
	土層がやや酸素欠乏	67
	土壌中のすき間が少ない	50
	暗渠出口の水没	28

写真5　トラクタの走行で土が練り返され、水が浸透しなくなった圃場

写真7　指を押し当てて土の硬さをチェック

図2　疎水材暗渠の排水機能　診断と対策

	問題点	対策
チェック1　圃場周囲の地形・排水路	・集水地形 ・周辺の地下水位が高い ・暗渠出口埋没、水没	・地表排水促進（圃場内明渠など） ・適切な維持管理
		・排水路整備
チェック2　暗渠埋設部周辺土壌	・表層部泥濘化 ・難透水層の存在 ・堅密層の存在	・地表排水促進 ・サブソイラなどを用いた土層改良
		・補助暗渠
チェック3　疎水材、暗渠管	・疎水材不足 ・暗渠管不良	・疎水材補充 ・暗渠管清掃（農作業対応）
		・補助暗渠 ・暗渠再整備（事業対応）

写真4　排水用の溝（明渠）を掘る

写真6　「カットドレーンmini」で水たまりを除去

タで走行すると、土が錬り返され地表下に水が通らなくなってしまいます（写真5）。このような場合は、先に述べた圃場内明渠を掘って排水する必要があります。掘った溝を圃場の排水口に接続することがポイントです。また、疎水材を用いた暗渠が整備された圃場なら、地表面の水たまり部分に弾丸つきのサブソイラやカットドレーンなどの農機で大きな穴を開け、疎水材につなぐことで水たまりをなくすことができます（写真6）。

土の中を掘ってみて、青灰色の土や硬い土が出てくる深さをチェックしましょう。検土杖という土を採取する杖（「土壌採取器」などの名前で市販されている）があれば、掘らなくても土の色や硬い土が出てくる深さがある程度わかります。硬さは、検土杖やスコップを使ったとき「硬くて掘りにくい」などの実感で充分です。土の断面に指を押し当てて貫入しない状態（写真7）だと、水通りや作物の根張りを制限する硬さといえます。

青灰色の土は、地下水位が高いなど水がとどまり続けている状態を示しています。青灰色の土が出現する深さよりも深い位置に、サブソイラなどの農機で大きな穴を開けます。硬い土に対しては、土の破砕効果の高い農機を用いるとよいでしょう。各メーカーから用途別の農機がいろいろと販売されています。

③疎水材、暗渠管

疎水材にモミガラや木材チップなどの有機質資材を用いている場合は、年数の経過とともに腐朽して少なくなってきます。地表下50㎝深ほどまで掘っても疎水材が確認できないときは補給が必要です。自分で補給することが難しい場合は事業での対応になります。

暗渠管の状態を確認するのはなかなか大変ですが、排水路の壁面が赤茶けていたり、暗渠出口に赤茶けたヘドロ状のものが溜まっていたりする圃場は、暗渠管が詰まりやすくなっています。水稲栽培圃場では、水を張った状態で暗渠の出口を開けることで洗浄できます。また地下かんがいなどで暗渠に水を入れることのできる圃場も増えてきています。暗渠の清掃は暗渠機能の長寿命化に有効ですので、ぜひ実施していただきたいものです。

60万円でできた！

トラクタで引ける浅層暗渠施工器

三重県鈴鹿市●杉本育久

3人の作業者で、2時間ほどあれば、1本（100m）の暗渠を通すことができる（写真提供：東北農業研究センター、以下Tも）

転作作物の収量を上げたい

鈴鹿市で水稲、小麦、ダイズをつくっています。伊勢湾沿いに広がる平坦地で、ほとんどの圃場にパイプラインが配備されていますが、暗渠は敷設されていません。土質は粘土から砂壌土と様々。一枚一枚の面積は、広い田んぼでも30aなので、地権者さんのご理解のもと、4年ほど前から合筆を積極的に進めてきました。

現在の作付け面積は、水稲が22ha（うち17haが乾田直播）、転作の小麦とダイズが35haずつ（うち15haは2年3作のブロックローテーション）で、これを父と僕と親戚の3人で耕作しています。

乾田直播に取り組んで3年目ですが、代かきをしないため、転作によってできた隙間の多い土中環境をそのまま維持できると感じています。田畑輪換をスムーズに行なうためにも、今後も乾田直播の割合をさらに増やしていきたいです。

ところで、三重県は転作作物の平均反収がとても低く、2015年度産で小麦で277kg（都府県平均302kg）、ダイズはわずかに77kg（同145kg）です。その原因はほとんどが湿害です。ダイズでは近年、播種時期に降る雨の間隔が短く、「もう少しで乾くのに」というタイミングでまた雨が降る状況が続いています。ムギもダイズも適期播種が大切ですが、大前提となる「田んぼを乾かすこと」がままならないのです。

パイプとモミガラを同時に埋める

7年前に就農して以来、転作作物の収量をなんとか上げたいと思い、排水対策などで試行錯誤を繰り返してきました。

ハーフソイラで耕盤破砕もしましたが、暗渠なしでは水の出口がなく、本来の効果を発揮しませんでした。また、最近は一度の雨量が異常に多いため、額縁明渠などの表面排水だけでは限界を感じていました。

そんななか、乾田直播の研究をしている大谷隆二先生を訪ねて、岩手県の東北農業研究センターを訪問した際に紹介していただいたのが、水田の縦浸透を研究している冠秀昭先生でした。

冠先生の開発した浅層暗渠施工器なら、わが家の75馬力（推奨値は85馬力以上）のセミクローラトラクタを使って、自分で暗渠を施工できる、それもパイプと疎水材にするモミガラの埋め込みを同時に施工できるとのことでした。これはぜひ使ってみたいと思いました。

幸運にも後日、「機械を三重まで送るので、実演会をしましょう」と提案していただきました。当日は4名の先生が来てくださり、圃場で直接、施工のポイントを教わることができました。今のところ、この実演時に施工した3本の暗渠しか施工していませんが、そのときの様子、施工方法をご紹介します。

浅層暗渠施工器の構造

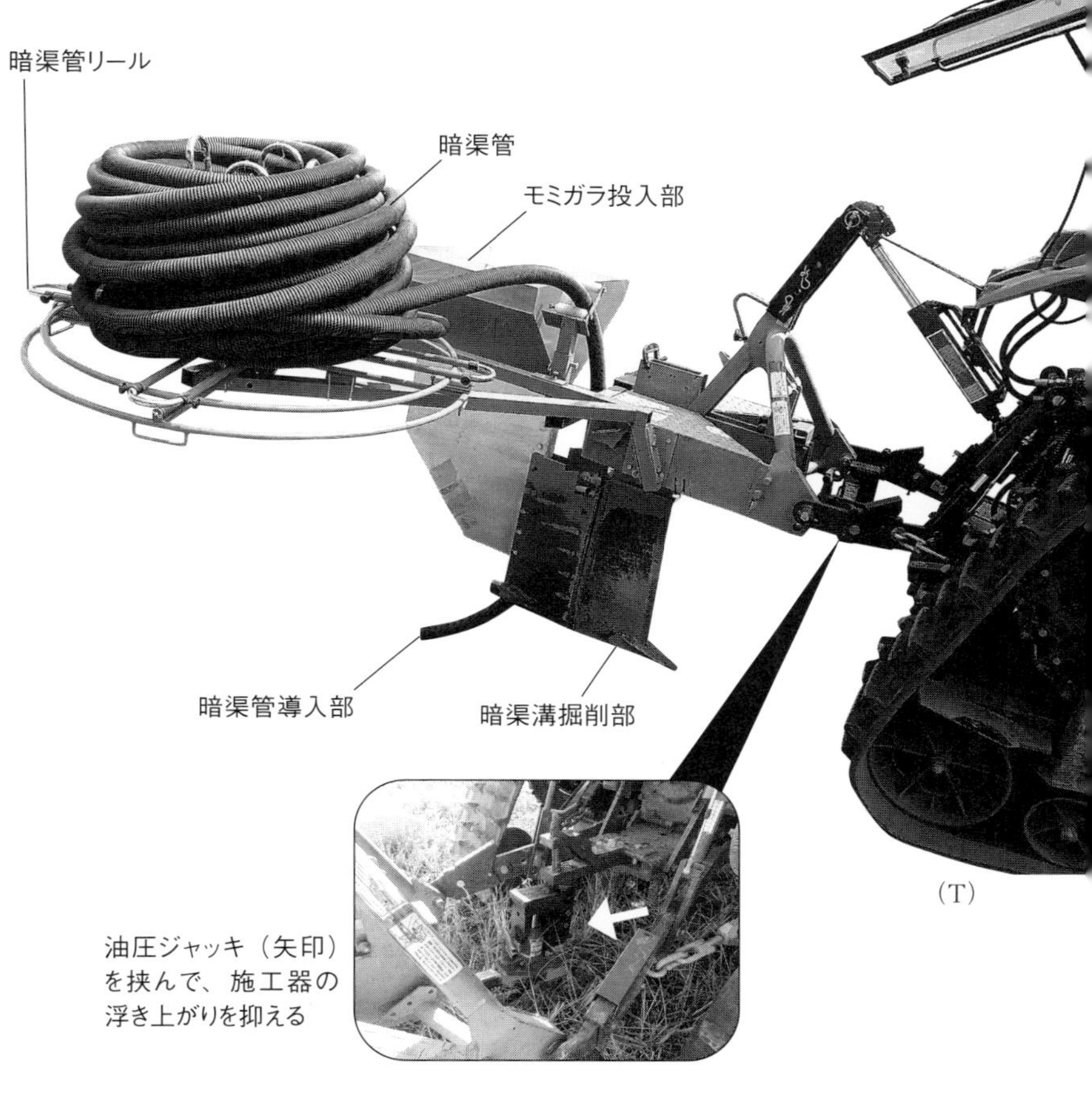

油圧ジャッキ（矢印）を挟んで、施工器の浮き上がりを抑える

（T）

敷設の手順

①モミガラ、パイプの準備

まず、疎水材となるモミガラは市販のモミガラ袋で25個ほど、これで10

0m分です。パイプ（コルゲート管）の直径は5㎝。圃場の排水性によっても変わりますが、長さ100mの圃場で30aに1本通すのが目安です。

②サブソイラで下穴を開ける

次に、暗渠が入る位置に、サブソイラかハーフソイラで下穴を開けます。この下穴の深さよりも深い位置に暗渠を敷設することはできないので、下穴はなるべく深く、最低でも60㎝は入れたほうがいいかと思います。

③バックホーで両端を掘削

暗渠施工器では田んぼの両端は施工できません。排水口側は作業機の長さ分、通気口側はトラクタの長さ分程度を、手作業で施工できるように、あらかじめバックホーで掘っておき、施工後にモミガラと作土で埋め戻します。

④空走りして確認

暗渠施工器で空走りし、サブソイラによる溝を少し広げておきます。また、パイプを敷設するので、本作業では後戻りできません。一回でスムーズに作業できるかどうかを確かめるためでもあります。

ここで大事な役目を果たすのが油圧ジャッキです（83ページ）。トラクタ本体と施工器本体との間に、つっかえ棒のような形で挟み込みます。土の抵抗で作業機が徐々に浮いていくのを、トラクタの自重で抑えるわけです。

⑤本作業で暗渠敷設

本作業は空走りの作業と同じ要領で進めていきます。埋め戻しの必要はありませんが、少し土が盛り上がるので、トラクタをもう一度走らせ、踏み固めておきます。

⑥通気口と排水口

通気口はアゼから立ち上がらせ、排水口は水路の柵板に穴を開けてパイプを通し、キャップ付きのネジ式水甲をはめておきます。

両端はバックホーで掘削し、暗渠管敷設後にモミガラと作土で埋め戻す

深さ40～50㎝の位置に暗渠管を敷設（T）

敷設作業後は、少し土が盛り上がるので、トラクタで踏み固める

⑦疎水材の補給

疎水材のモミガラは、半分くらいに腐食したら補給します。それもこの機械でできるそうです。

目指すは「水を溜められる畑」

さっそく、昔から付き合いのある鉄工所さんに、お借りした機械と図面を持ち込み、製作してもらいました。費用は材料などすべて込みで1台60万円でした（仲間の農家も一緒に発注）。

後日、滋賀から知り合いの農家が来たので、図面とともに、新しくできた施工器を貸し出しました。僕の場合、当面は自分の田んぼでの敷設作業で手一杯かと思いますが、彼らは地域の農家から暗渠敷設を受託することも考えているようです。

今後は、田んぼの能力をもっと上げていく必要があると思います。僕が目指しているのは「水を溜められる畑」です。暗渠や乾田直播の相乗効果により、畑作物をつくろうと思えばいつでもできる、水を自在にコントロールできるような田んぼにしていきたいです。まずは大きい田んぼや、粘土質で滞水しやすい田んぼを中心に、これから冬場に浅層暗渠を少しずつ入れていく予定です。

＊問い合わせ先：東北農業研究センター
Tel０１９－６４３－３４１４

作付け中の弾丸暗渠でムギ・ダイズがばっちり増収

長崎県諫早市●木下憲美

干拓地で水はけが課題

私の住む長崎県諫早市は、水稲やムギ、ダイズの作付けが多い穀倉地帯だ。海抜約2mの干拓地で、乾燥しにくい土地柄のため、水稲栽培にはいいが、ムギ・ダイズの栽培には不向きだった。

２００７年、諫早干拓事業の完成で優良な土壌に変わったが、もともと干潟であることから水はけは十分でなく、作物を栽培するためには暗渠や明渠が必要不可欠で、実際多くの圃場で暗渠を入れている。

また、水稲2年、ムギ・ダイズ1年というブロックローテーションも広く行なわれていて、とくにダイズの作付けが土壌の肥沃化などにつながり、よい結果をもたらしている。

私は２０１１年に勤めていた仕事を退職し、家内と本格的に農業に従事するようになった。現在は水稲16ha、ムギ16ha、ダイズ5ha、ソバ11haを作付けている。

額縁明渠でさらなる排水改善

数年前から、ダイズを播種する7月

図1　ムギ・ダイズの明渠・暗渠の施工方法

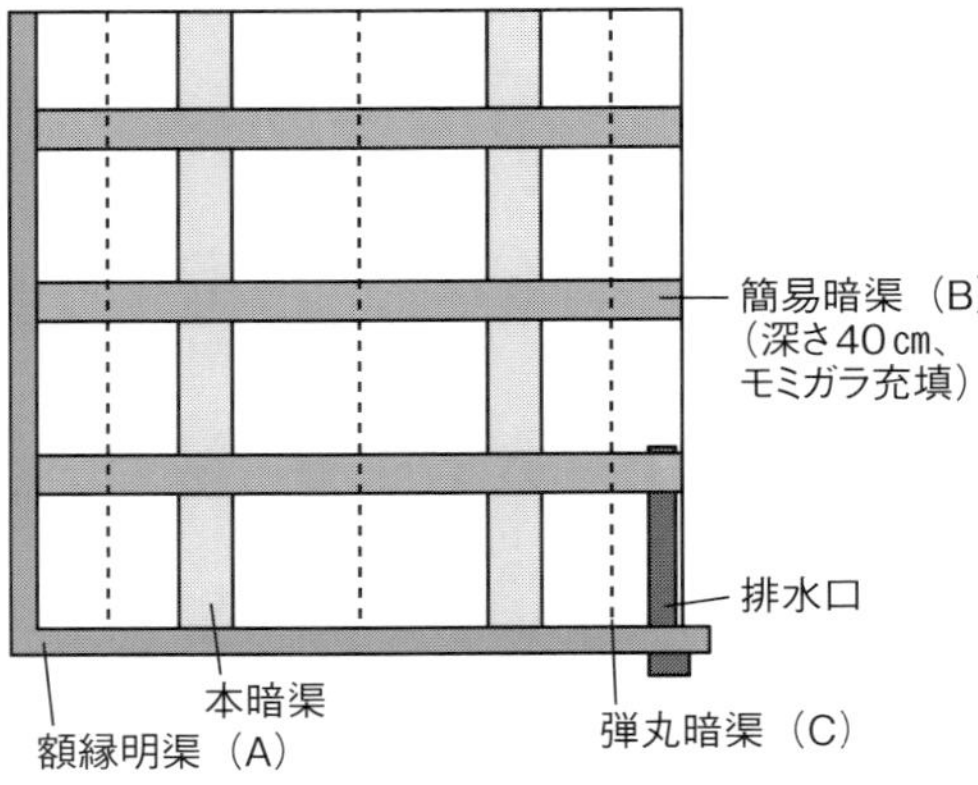

簡易暗渠（B）
（深さ40cm、
モミガラ充填）
排水口
本暗渠
額縁明渠（A）
弾丸暗渠（C）

明渠は作業効率を考えてL字のみ。格子状に入れた暗渠と組み合わさることで排水性アップ。弾丸暗渠（C）を作付け中にもう一度入れることで、収穫前の大雨被害が軽減された

頃の天候不順が増え、発芽不良が目立つようになった。さらに、大雨の後に枯死するダイズがあり、減収が課題となっていた。ムギも同様に収穫前に大雨が降ると、根の動きが悪くなって実入りが悪くなることが増えていた。湿害に弱いソバも収量が伸びずにいた。いずれも近年増加する集中豪雨に圃場の排水が対応しきれずにいることが原因と考えられた。

　私の圃場は本暗渠と弾丸暗渠を入れていたが、排水性をさらに高める必要があると考えて『現代農業』の額縁明渠の施工事例を参考に、トレンチャーを購入して額縁明渠も掘ることにした。

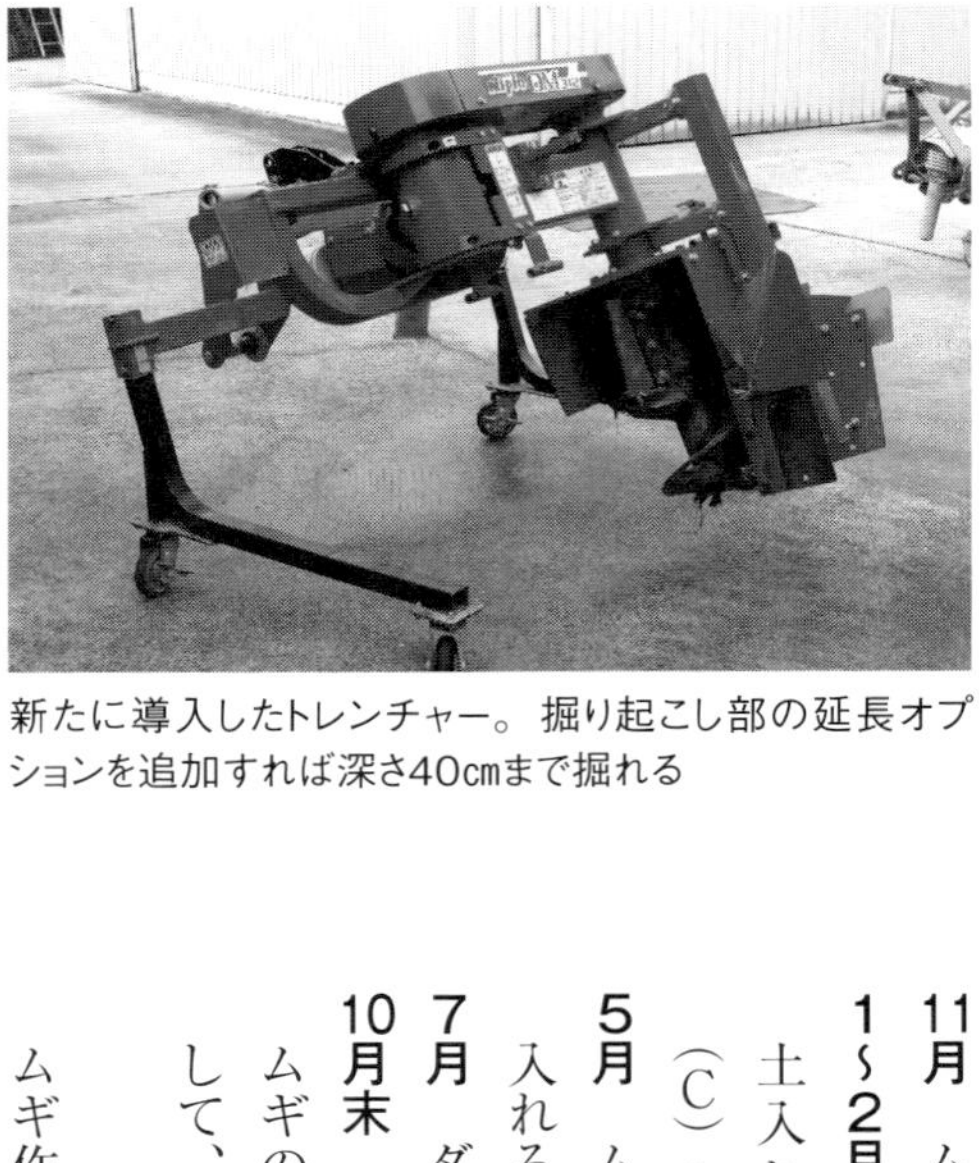

新たに導入したトレンチャー。掘り起こし部の延長オプションを追加すれば深さ40cmまで掘れる

作付け中の弾丸暗渠は効果大

　ローテーションや圃場によって施工方法は異なるが、たとえば水稲→ムギ→水稲→ムギ→ダイズ→ムギという3年ローテーションの圃場の場合、現在は次のような排水対策をしている。

10月末（次年度がダイズとなる2回目の水稲収穫後）　深さ25cmの額縁明渠（図1のA）を入れる。以前は全周に入れていたが、現在はL字型で施工。さらに、深さ40cmの簡易暗渠（B）と明渠からスタートする形で弾丸暗渠（C）も入れる。

11月　ムギ播種

1〜2月　ムギ踏み・追肥・土入れ。土入れ後の作付け中に弾丸暗渠（C）を入れる。

5月　ムギ収穫。その後、弾丸暗渠を入れる（ダイズのウネ幅に合わせて）

7月　ダイズ播種

10月末　ダイズ収穫。この後、冬の間ムギの作付け後に額縁明渠を埋め戻して、翌年のイネづくりに備える

　ムギ作付け前の明渠・暗渠の施工と合わせて、弾丸暗渠を入れることで排水効果はとても高まる。作付け前の施工だけだと、その後の機械作業の踏圧で潰れて排水性が低下することがあり、以前は収穫直前の大雨で被害が見られたが、それがずいぶん軽減できた。

サブソイラの改造でウネ幅に施工

　弾丸暗渠を作付け中に入れられるようサブソイラも改造した。弾丸がぶら下がっているアーム部分に幅調整用の部品を溶接で追加。ボルトを外して付け外しすることでアームの長さを変えられ、部品が付いた状態なら弾丸と弾丸の幅は150cmになり、これはムギ、ソバのウネ幅と同じ。外すと12

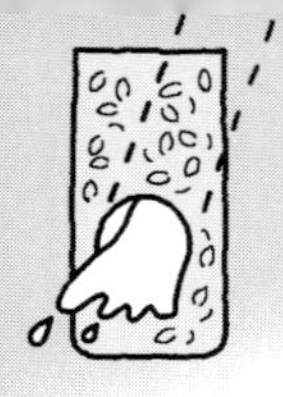

第３章　暗渠で地下水を抜く

0cmで、これはダイズのウネ幅と同じになる。これでウネ幅に合わせて暗渠を入れられる。農機のタイヤが通る部分は溝になってとくに水が溜まりやすいので、暗渠でその部分の水抜けをよくすることが重要と考えている。

トレンチャーを活用して暗渠増設

額縁明渠の施工に使うトレンチャーは通常深さ30cmまでだが、メーカーが出しているオプションを追加することで40cmまで掘れる。前述のとおり、現在はそれを使って、額縁明渠だけでなく、圃場内にも溝を掘ってモミガラを詰め、バックホーで埋め戻して簡易暗渠も作っている。大量に出るモミガラの活用にもなっている。

簡易暗渠は深さ40cmと浅いため、弾丸暗渠の施工作業中にぶつかることもあったので、コルゲート管の埋設はしていない。ただ、排水の末端部分だけは、バックホーで50cmまで掘り、排水パイプを入れている。

また、額縁明渠は復田のたびにバックホーで埋め戻すので重労働だった。そこで2年前、リバーシブルのプラソイラを導入。明渠を戻して均平にする作業まで効率的にできるようになった。

弾丸と弾丸の幅を調整できるようにサブソイラを改造。幅調整の部品を外すとアーム部分を短くできる。ムギ、ソバ、ダイズのウネ幅に合わせて弾丸暗渠を入れられる

大麦。額縁明渠と弾丸暗渠でしっかり排水できると生育の揃いがはっきり変わる

ソバは中割りで排水対策を徹底

ソバをつくる場合は、さらに10m間隔で圃場内に中割り明渠も入れて排水対策を徹底する。作付け部分は減るが、排水改善のほうを重視した。ソバは4月植え、8月収穫の早期米の後作で栽培する。イネ刈り終了後に額縁明渠と中割り明渠、弾丸暗渠を施工したうえで作付けする。

圃場や作物に合わせた排水改善の徹底により、平均反収は小麦で４２０kg、大麦５５０kg、ソバは１００kgと増収、品質も向上した。また、降雨後の乾燥が早いので、すぐに圃場に入れる。水の停滞時間が少ないため、根腐れも防げたり、肥料や除草剤もよく効くようになったりと、いいことずくめだ。

図２　ソバの作付け前の明渠・暗渠の施工方法

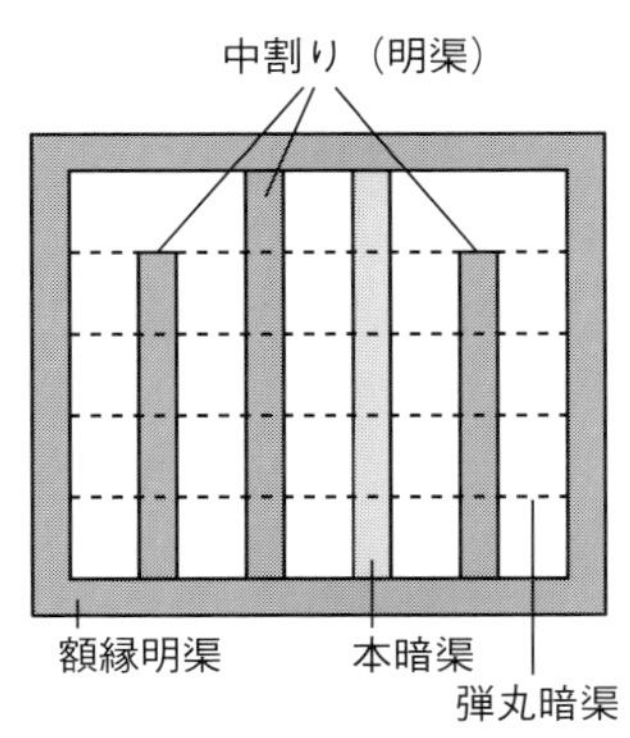

いずれも作付け前に施行

本暗渠のない粘土圃場でも
排水良好

放射状弾丸暗渠

兵庫県立農林水産技術総合センター
●牛尾昭浩

水尻の集水穴から見た放射状集水暗渠

水田転換畑で畑作物を栽培するには、圃場の排水性を高めることが最も重要である。ここでは、水稲後の麦作で弾丸暗渠を積極的に活用し、本暗渠施工と同等の排水性改善効果を得るための方法を紹介する。

集水穴から放射状に弾丸を引く

この方法は、圃場の周囲を作溝した「額縁明渠」、作土と耕盤の間に沿って施工される「平行浅層暗渠」、圃場の排水口に施工する「集水穴」とそこへ水を導く「放射状集水暗渠」で構成される。施工は以下の順序で行なう。

①前作収穫後に、溝掘り機で耕盤の位置まで掘り下げながら、額縁明渠を施工する（深さ20㎝程度）。

②集水穴を掘り下げる（深さ50㎝）。

③額縁明渠の底から耕盤に沿うように、対面に向かって、同じ間隔で平行浅層暗渠を施工する（深さ20～30㎝）。

④集水穴から放射状に広がるように、平行浅層暗渠よりも深い位置に集水暗渠を施工する（深さ30～40㎝、3～4本）。

施工のポイントは放射状集水暗渠の深さで、平行浅層暗渠よりも少し低くし、集水力を高める点である。

暗渠の持続性については、現状、水稲－麦類－ダイズの2年3作体系の作期間中において施工効果が持続すれば、目的を達成できたと考えている。

雑草防除や収穫もラクに

本方式の有利な点は、圃場内の明渠本数を減らすことができるので、作物を播種する面積が増加する（圃場当た

放射状弾丸暗渠を施工した圃場。麦作後のダイズ収穫期（狭条密植で実収256kg /10a、品種はサチユタカ。前作小麦は実収327kg /10a、品種はシロガネコムギ）

浅層弾丸暗渠の配置図

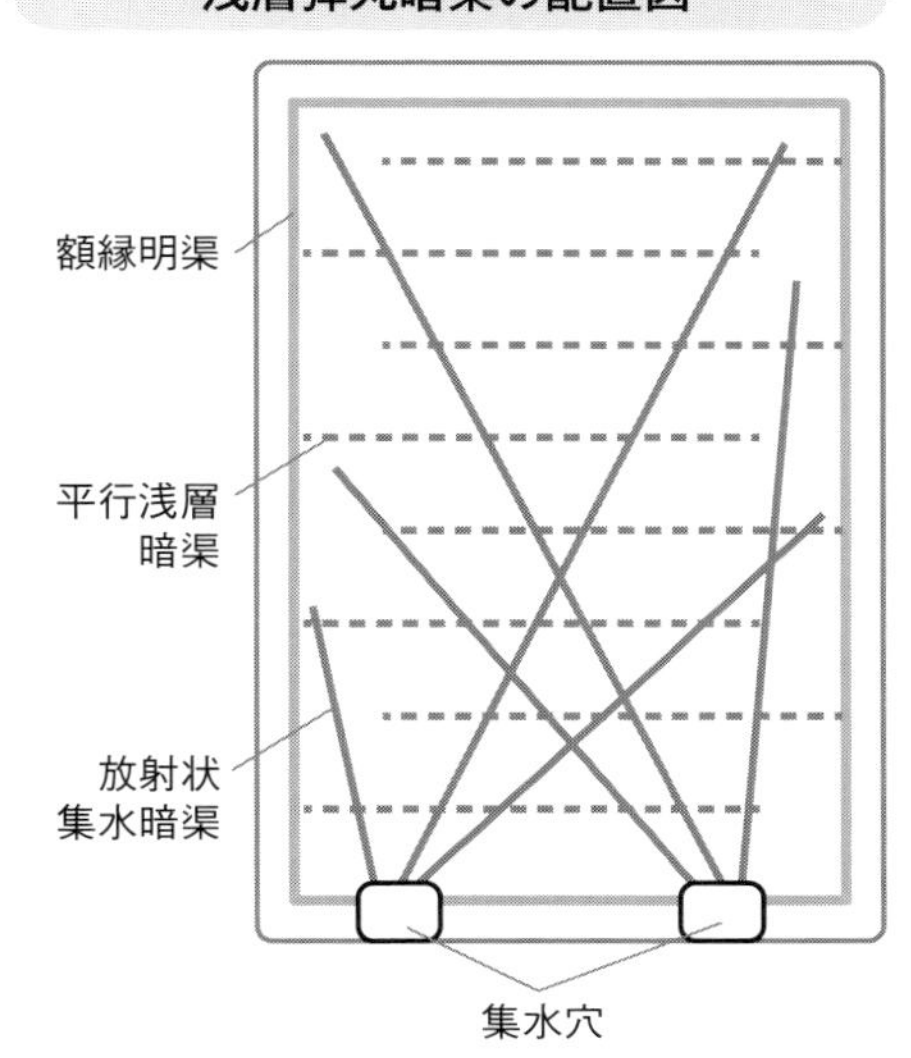

大区画圃場での難点

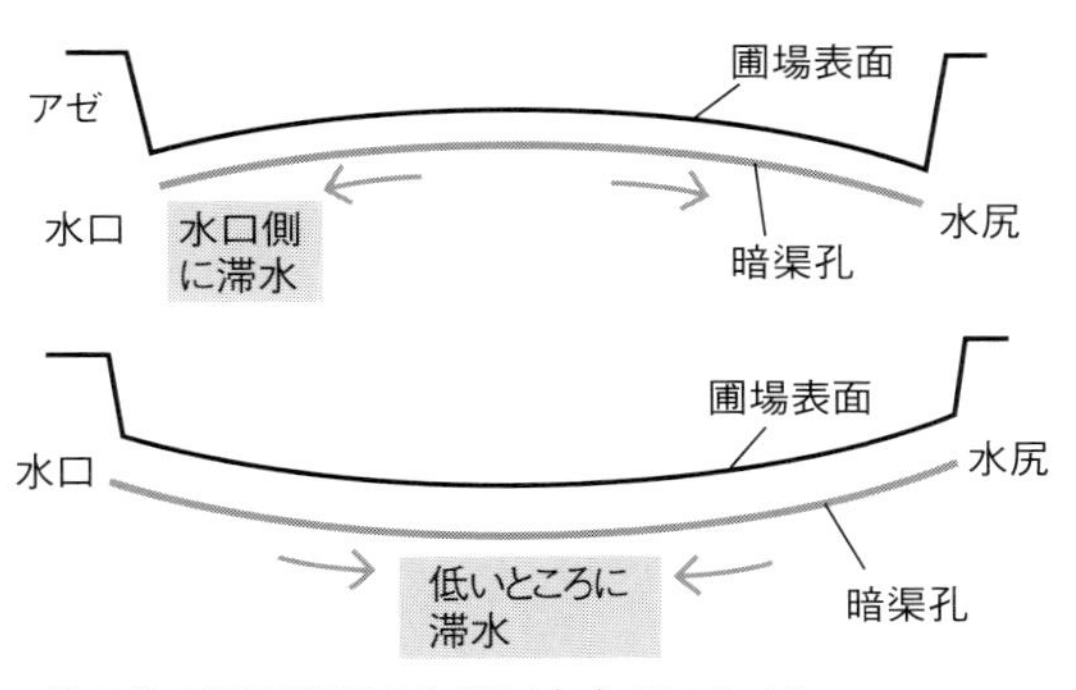

排水性が圃場表面の勾配に左右されてしまう

りの実収量が増加）。明渠がないと、そこに繁茂する雑草防除をする必要もなくなり、圃場の凸凹もないのでコンバイン収穫時の心労が軽い。また、従来の弾丸暗渠は深さ40～60㎝で耕盤を破砕するように施工されるが、上記の方法では浅層に施工されるため、作業機の負荷が少なく、作業時間は10ａで約30分と、暗渠の施工本数に比べてそれほどかからない。

9月下旬、早めの施工がおすすめ

兵庫県内では10年以上前から県を挙げてこの方式の施工を進めており、粘土質の水田転換畑における排水性改善法として定評を得ている。事例を積み上げるなかで指摘された課題は以下のとおりである。

- 雨が続くとせっかく施工した亀裂が閉じて、耕盤層が目詰まりしてしまう。
- とくに大区画圃場では、圃場表面の勾配によって排水性が悪くなる（左上図のように、圃場の低いところに滞水して水尻側に排水されない）。
- 施工する時期によって排水効果が異なる。極早生品種収穫後（9月下旬）の施工では、作業性が良好で、十分な排水効果が得られるが、早生・中生品種収穫後（10月中下旬）では、湿潤な土壌状態での施工となり、11月上旬に播種した後の排水効率も劣る。

以上、条件付きではあるが、新たな資材や機材を購入せずに排水性を改善することができる。適用できる地域には積極的に導入を図っていきたい。

放射状集水暗渠の施工がラクに

埋設型の集水穴を開発

福岡県朝倉普及指導センター●松野 聡

集水穴の掘削・埋設の労力をなくす

放射状集水暗渠（開口型）は落水口の前に集水穴を掘削し、ここから放射状に弾丸暗渠を施工することで、弾丸暗渠の水を落水口から排水するというものです。

しかし、田畑輪換を行なう場合、畑作物を作付けするたびに集水穴を掘らなければなりません。また、水稲作付け時には、集水穴を再び埋める必要があるため、掘削と埋設に労力がかかってしまいます。集水穴の周辺は機械作業ができず、誤って開口部に作業機械が落ちる危険性もあります。

そこで、集水穴に砂利を敷き詰めた後、土で埋め戻す「埋設型の放射状集水暗渠」を考案しました。

施工方法と仕組み

構造は図のとおりです。まず、①スギ板で作った落水マスの前に、幅70cm、長さ250cm、深さ40cmの集水穴を掘ります。②落水マスの一番下に直径7cmの穴を開け、長さ50cmの塩ビ管で集水穴と落水マスをつなぎます。③砂利を深さ15cmほど敷き詰めたあと、土をかぶせます。④砂利を埋設した集水穴から放射状に深さ40cmの弾丸暗渠を施工することで、弾丸暗渠と砂利をつなぎます。

砂利と落水マスを塩ビ管でつなぐことで、弾丸暗渠によって集められた水が、用水路に排出される仕組みです。

この埋設型集水穴の資材費は1カ所当たり4800円程度です（砂利360kg、塩ビ管、スギ板）。

集水穴を埋設する利点は、畑作物を作付けする際に、集水穴を掘削せず、放射状の弾丸暗渠を再施工するだけで排水が期待できる点です。一方、水稲作付け時には、塩ビ管にフタをすることで止水できます。

埋設型の放射状集水暗渠断面図

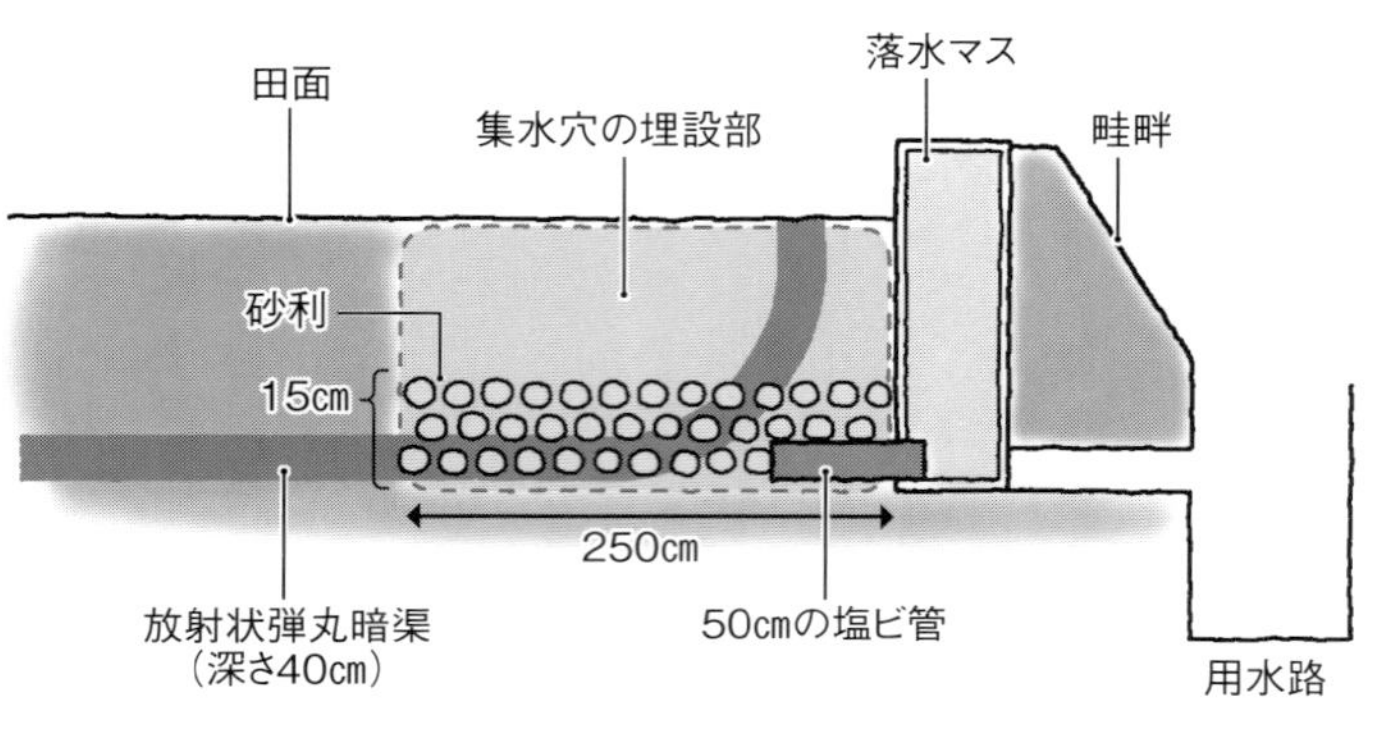

田面
集水穴の埋設部
落水マス
畦畔
砂利
15cm
250cm
放射状弾丸暗渠（深さ40cm）
50cmの塩ビ管
用水路

今後も実証試験を継続し、埋設型の放射状集水暗渠の効果を検証していく予定です。

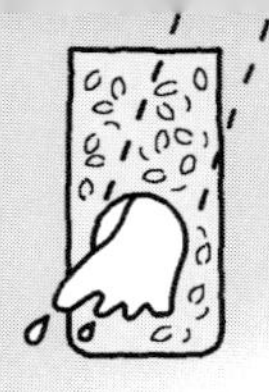

田んぼのサブソイラは、植え付け条と垂直に

滋賀県野洲市●中道唯幸さん

田んぼでは、植え付け条に沿ったサブソイラがけは厳禁。田植え機作業の際に、溝に車輪がハマりやすいからだ。しかし、滋賀の中道唯幸さん曰く「農機メーカーに聞いたら、斜めがけもアカンらしいわ」。

斜めがけした圃場の場合、田植え機の車輪の１カ所だけが溝の影響を受け、機体が斜めに揺れる。機体は左右の水平と上下動の両方を自動修正しようとするが、同時修正はなかなか難しく、どうしても植え付け深さにブレが出るという。

そこで中道さんは、植え付け条に対して垂直にかける。これなら田植え機の左右両輪が同時に溝の影響を受け、左右の揺れは起こりにくい。上下の揺れにだけ自動修正が働くので、植え付けが安定するのだ。

「横がけした圃場のほうが、乗用除草機のウィードマンでの作業もブレにくいみたいや」

爪の間隔は当初より広げてある。以前は田植え機の前後輪の間隔と近く、「作業跡にハマった前輪が上がる際、今度は後輪がハマる」ことで、ひどくガタついたため

溝へのハマり方の違い

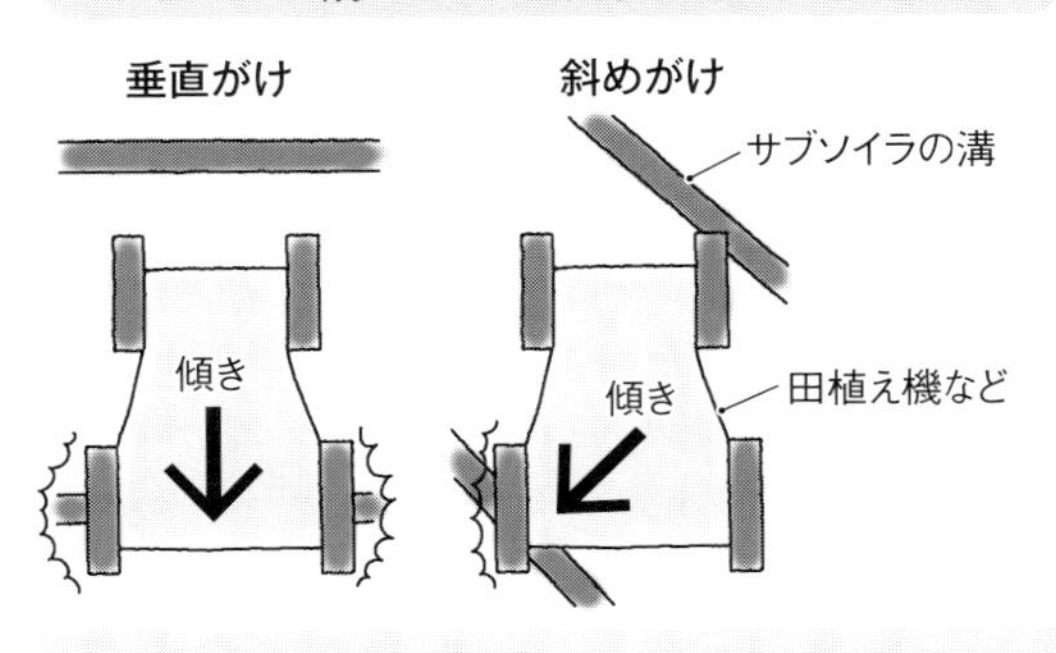

田植え機に自動操舵機能がついている場合は、植え付け条に沿ってサブソイラをかけても問題ありません。中道さんはその後田植え機に自動操舵システムを取り付けたため、2024年現在、ここで紹介しているやり方は行なっていません

田んぼでのサブソイラ作業

アゼ際では、大回りでバックターンすることで1列分空けて走行。こうして、反対まで1列飛ばしでかけ続ける（写真はすべて依田賢吾撮影）

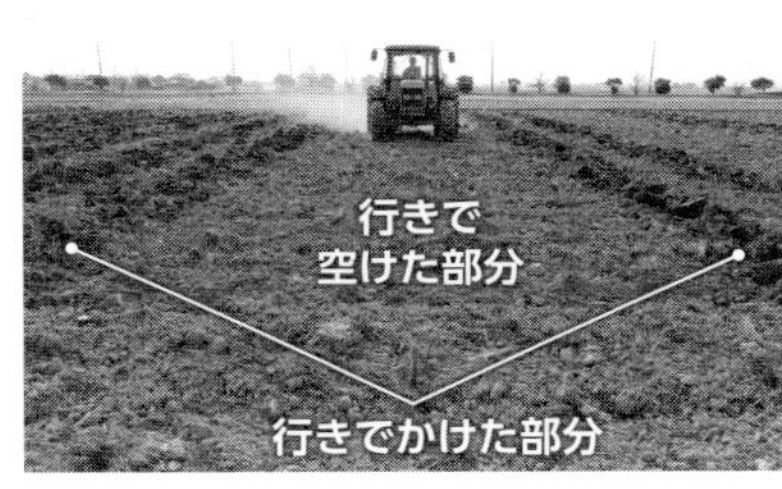

帰り。行きで空けた部分にサブソイラをかける

爪は50㎝（指の位置から下）ほど地面に入れる。一部をプラソイラの部品と交換しており、反転耕起の効果もねらう

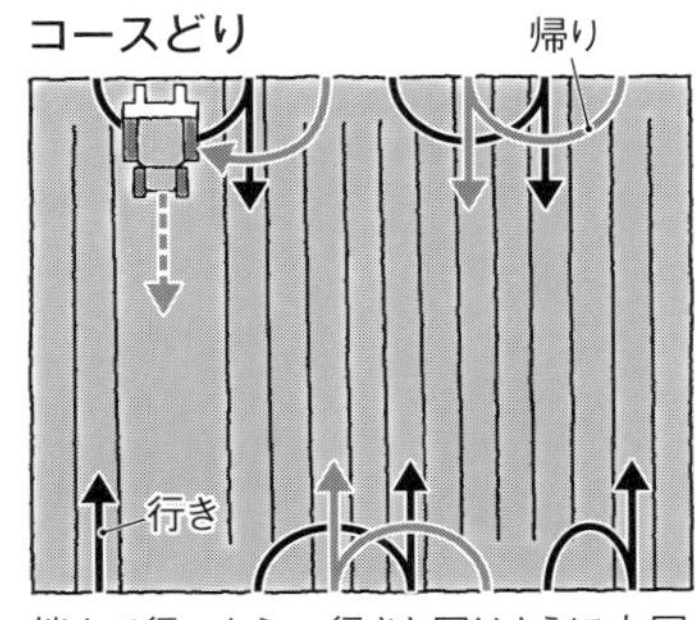

端まで行ったら、行きと同じように大回りのバックターンを繰り返しつつ帰ってくる。ムダが少なく効率的

作業後の圃場。約2m幅でびっしりかけた。60a1枚の作業時間は30分程度。これでもぬかる場所には、トラクタ装着型のオーガで縦穴掘り（30ページ参照）

資材なしで12cm四方の地下水路が引ける
カットドレーン

富山県富山市●前田仁一

カットドレーンをトラクタに取り付けて牽引。筆者の耕作面積はダイズ23.7ha、飼料米2.7ha、食用米16ha

本暗渠が効かず、弾丸暗渠も潰れてしまう…

5町規模の兼業農家でしたが、55歳で会社を早期退職し、専業農家になって6年ほどになります。現在は、水田輪換畑でダイズを中心とした経営をしています。

私の地域は、1975年頃に基盤整備が行なわれ、圃場には本暗渠が施工されていますが、今では排水口を見ると水は出ているものの、その効果は施工時の半分ほどではないかと感じています。

地域でブロックローテーションによる生産調整を実施しており、水稲を2年作付けした後にダイズを栽培していますが、粘土質で排水性が悪い圃場も多く、サブソイラによる弾丸暗渠を施工してもすぐに暗渠が潰れてしまい、まったく効果がありませんでした。

なんとか排水対策がうまくできないかと、㈱北陸近畿クボタに相談したところ、カットドレーン（穿孔暗渠機）の排水施工をすすめられ、昨年から実施しています。

穴を掘って効果を確認

カットドレーンは、2本の刃で土層をブロック状に切断し、土を上手に動かします。約70cmまで、任意の深さに12cm四方の大きな孔を開け、その孔に流れる水を排出します。

土壌条件にもよりますが、孔は2年くらいは潰れず、耕盤も破壊されて確実に排水性がよくなる……と説明を受けましたが、当初はまったく半信半疑でした。

そこで、圃場の排水マスの前に80cm四方の穴をスコップで掘り、カットドレーンの孔からの排水状況を確認することにしました。1年間確認しましたが、孔は潰れることなく排水されていました。それまではぬかるんで機械作業も難しく、経費も出ないほどの収量しか上がらない圃場で、200kg程度収穫できるようになりました。

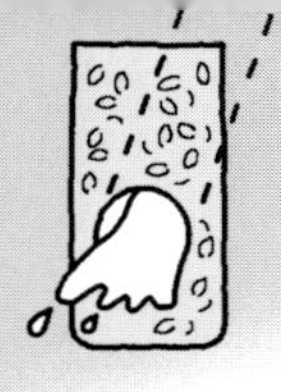

かん水時にも高い効果あり

また、ここ5年ほどは、ダイズの収量を上げるために、花の咲く頃に、ウネ間かん水をしています。排水マスを閉じたうえで、用水の取り入れ口から額縁明渠に水を通すのですが、通常は全体に水が行き渡ってウネ間に水が溜まるまでに、２～３日かかります。ところが、カットドレーンを入れた圃場は一晩で水が入るのです。

カットドレーンの孔は明渠につながっているので、明渠から流れた水が、縦横無尽に張り巡らされたカットドレーンの地下水路を通り、下から浸み出るようにかん水されます。これも大きなメリットだと確認しました。

ダイズの品質向上を目標に

米はある程度の栽培方法が確立されていると思いますが、ダイズは栽培方法や機械体系も研究の余地がまだまだ十分にあると感じます。収量・品質を上げれば、その分収入も増えるやりがいのある作物です。

そのなかで私のダイズづくりの目標は、ダイズの品質を上げることです。昨年の収量は平均で２６０kgと、ある程度安定してとれるようになりましたが、上位等級は全体の30％程度です。

今後も、カットドレーンによる排水対策や狭畦・摘心栽培など、さまざまな技術を取り入れ、さらに品質のよいダイズ生産を目指します。

4500㎡の圃場での施工図

取水口
カットドレーンの孔
150m
明渠
確認用の穴
排水マス
30m

排水マスからV字に切って、
10 ～ 15mおきに横孔を通した

カットドレーンの
地下水路

ダイズの播種後に圃場が乾いたので水を入れたところ、カットドレーンの孔でできた地下水路を通って水が浸み出てくる様子が見えた

カットドレーンの孔のでき方

下の写真の①と②の刃によって、縦の亀裂が2本入り、耕盤が破砕される

縦の亀裂が入った土のブロックが、③の刃によって持ち上がる

④の刃によって、持ち上がったブロックの横に亀裂が入る

孔の中を覗いてみた。圃場にもよるが、2年ほどは潰れない

⑤の刃で土が横移動する（筆者の圃場にて㈱北陸近畿クボタ撮影、上と下の4枚も）

カットドレーンの構造

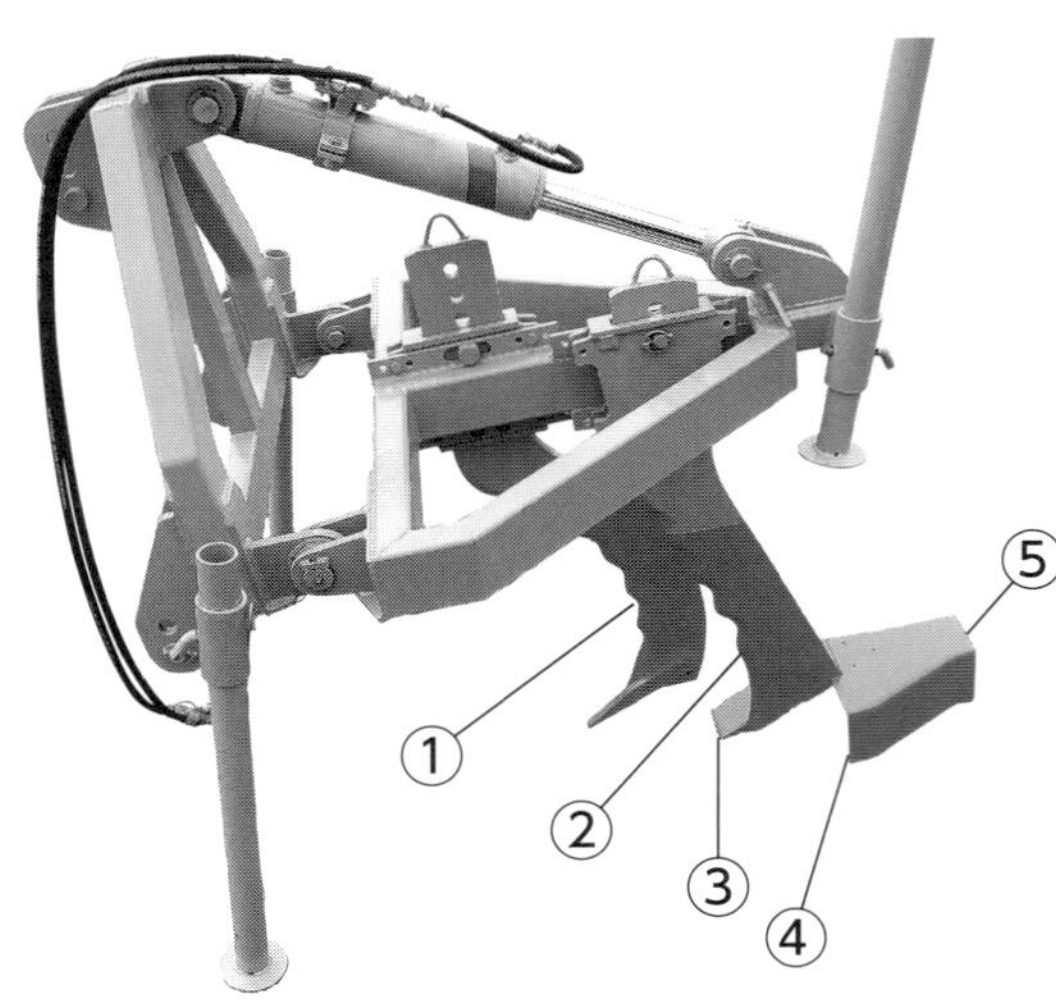

刃の丸数字は、上の写真の亀裂の位置と対応。カットドレーンの使用は粘土質と泥炭圃場に適し、牽引するトラクタはクローラタイプで60馬力以上、タイヤで70馬力以上がよい（写真提供：農研機構農村工学研究部門）

耕盤を破砕する作業機

●編集部

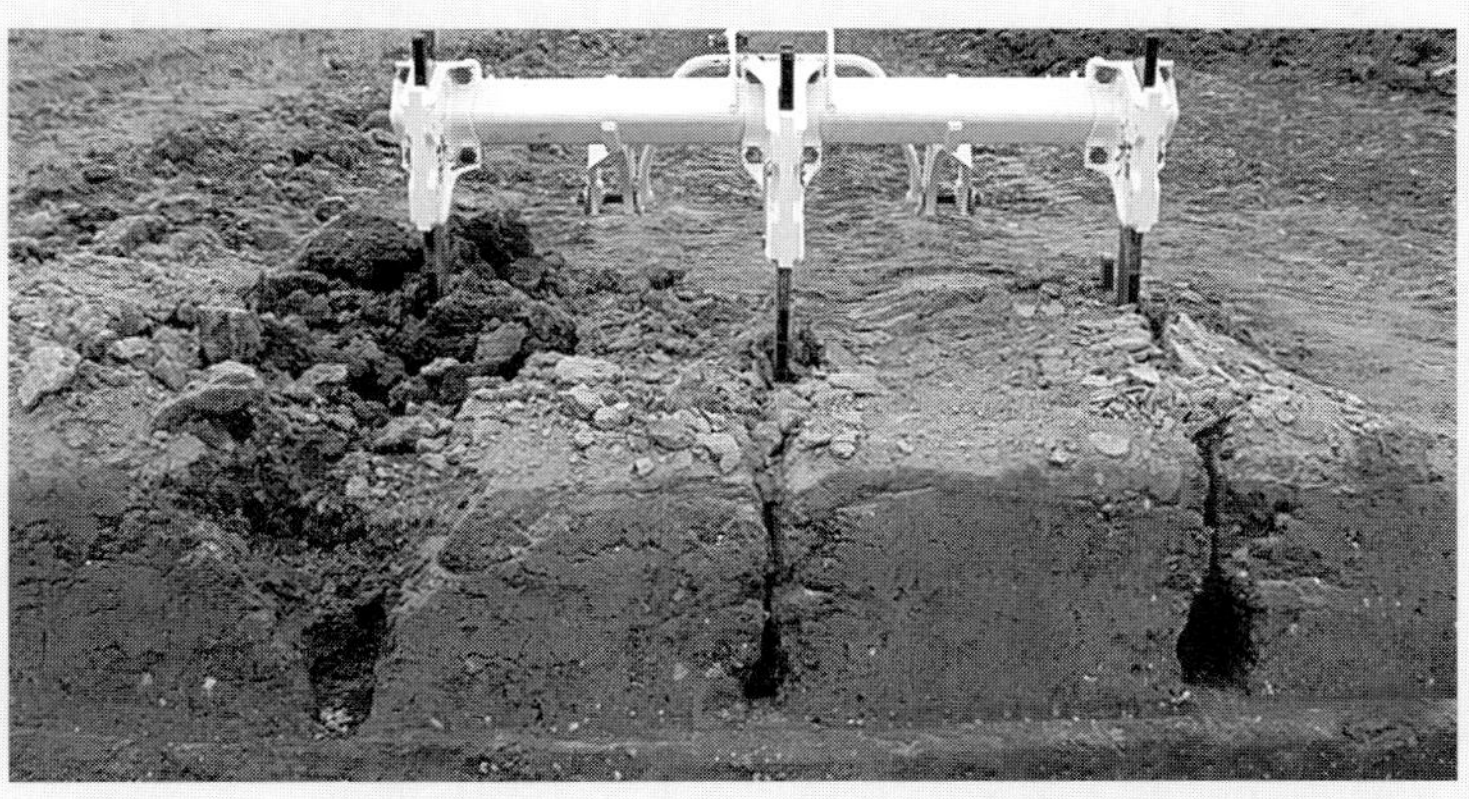

プラソイラ（左）、サブソイラ（中）、ハーフソイラ（右）の破砕断面（スガノ農機提供）

サブソイラ

土中に刃（爪）を引っ張って亀裂を作る機械。刃が振動して牽引抵抗が小さいタイプや、弾丸を引っ張って同時に暗渠を通すタイプなど、各メーカーからいろいろ出ている。爪が入る深さは25～45㎝が普通だが、50㎝以上入るタイプもある。亀裂を長持ちさせるためには、時速２～3㎞（人が歩く速度）でかける（低速心破）

最近は、下層土を引っ張り上げない機械が人気みたいですネ。個人で持つには高価な大型機械もありますが、JAなどでレンタルできますネ

トラクタに取り付けたプラソイラ（依田賢吾撮影）

プラソイラ（スガノ農機）

耕起と耕盤破砕とを両立するが、サブソイラと違って、下層土を少しだけ持ち上げる。刃幅が７～8㎝あり、掘削の振動で刃の近くの硬い土も崩れるため、効果は少し幅広となる

ハーフソイラ（スガノ農機）

プラソイラよりも、心土が地表に上がらない。そのためか、近年プラソイラよりも販売が増えている。プラソイラを持っていれば、アタッチメント（刃１枚につき約４万円）を付けてハーフソイラに替えられる機種もある

ハーフソイラ後部装着のローラは別売り

パラソイラによる土の膨軟化のイメージ

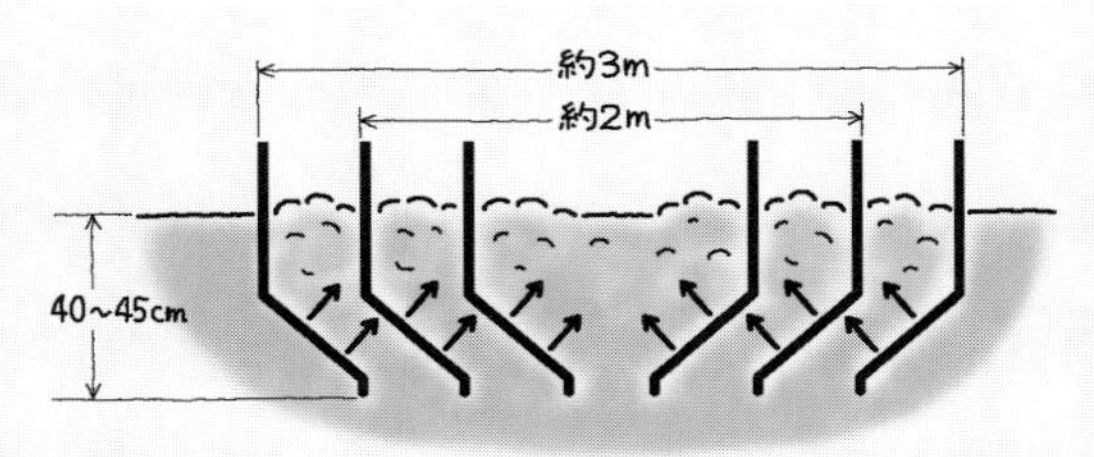

土を上へと動かして土壌の通気性、排水性を向上させる

パラソイラ（松山）

刃がくの字に曲がっていて、作業幅が広いのに牽引抵抗が小さい。下層土を上げずに全層を軟らかくすることができる。ハウス内で使えるタイプ（30馬力で引っ張れる）から130馬力で引っ張る大型タイプまである

フレコンバッグから直接投入

超効率的モミガラ暗渠施工

茨城県龍ケ崎市●㈲横田農場

秋にトレンチャー「OM1000A」（ニプロ）で掘っておいた暗渠の溝。漏水位置が高い場所などでは、施工までの間に溝が狭まることがある

今回施工する約10aの圃場。前年借りた土地で、ぬかるんで収量が低い。とくに乾きにくいアゼ際に暗渠を通すため、補助事業外で施工（次ページ右参照）（写真はすべて依田賢吾撮影）

茨城県龍ケ崎市で約165haの圃場を管理する横田農場は、毎年秋～冬に暗渠を自主施工している。新しく借りた圃場や排水性が極端に悪い田んぼを中心に、昨シーズンは総距離5kmもの本暗渠を入れた。本誌では作業効率化のプロ集団としておなじみの横田農場、暗渠施工ではどんな効率化があるのだろう――。

溝は2カ月前に掘った

1月8日の午前8時、ひんやり冷えた朝凪の中で、横田農場のスタッフ4人は営営と施工の準備を進めていた。この日の作業はコルゲート管の設置と、疎水材のモミガラ詰め作業。このモミガラ詰めが、超効率的なんだとか。すでに現場には、モミガラがぎっしり詰まったフレコンバッグが、20袋以上置かれていた。

暗渠の溝は、トレンチャーで掘るのが横田農場流。前年秋の収穫後、11月頃に掘ってしまったという。トラクタで引っ張るスクリュー式トレンチャー

クレーン兼用のバックホーでモミガラ入りのフレコンを吊り下げ、モミガラを排出しながら溝の脇を走行。棒などを使って均一に詰め、暗渠管が地面に触れないようにする

今回の暗渠の配置

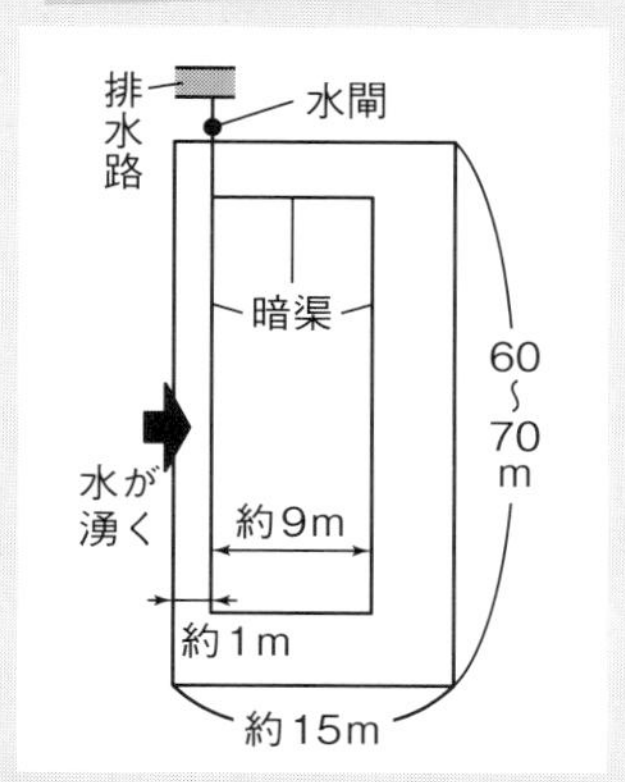

横田農場では、多くの暗渠を国の補助金「農地耕作条件改善事業」の枠内で施工する。ただし補助を受けるには、暗渠管の配置や管の直径など、「地域の実施主体の定める工法」に則らないといけない（茨城では「暗渠管はアゼから5m以上離す」など）ため、自由に計画したい場合は事業外で施工する。

なら、秒速0・75mで作業可能。田んぼ1ha分の溝を1日で掘削でき、総距離5kmを1週間で集中的に掘ってしまうそうだ。

溝の掘削時には、とくに細かい勾配は気にしない。この地域は地下水位が高いため、暗渠管は常に水没状態となるためだ。排水路から水がなくなる秋や春に乾きやすいよう、水みちを作るイメージだという。

バックホーで吊り下げ走行

さて、この日の作業は①モミガラ詰め→②コルゲート管入れ→③モミガラ詰め→④水閘（すいこう）設置の順。①の作業時に登場したのは、クレーン機能付きのバックホーだ。これでフレコンを吊り下げて、溝に沿ってゆっくり走行。バッグの下の口を開け、モミガラを溝に直接充填していく。なるほど、確かに速い、速い。みるみるうちにモミガラがなくなり、どんどんバッグを替えては詰めていく。

コルゲート管設置後のモミガラ詰め③も同じように進め、10a圃場、約130mの暗渠管設置とモミガラ詰めが半日で完了。4人は次の圃場へと向かっていった。

＊クレーン兼用ではない通常のバックホーでの吊り下げには、作業可能な機体や吊り下げ重量など、労働安全衛生規則により定められた規定がある。

モミガラを20 ～ 30㎝の高さまで詰めたらコルゲート管を設置。横の土に触れないよう、溝の真ん中に置く。角やつなぎ目ではノコギリで管を切り、ソケットでつなぐ

吊り下げたフレコンからモミガラ補充

モミガラが入ったフレコンを、バックホーで吊り下げて走行。フレコン下の口から溝へと落としていく。4人作業で、バックホーの操作、投入するモミガラの調整、フレコンの準備・片付けなどを分担する。

この日使ったコルゲート管「トヨドレンダブル」。60㎜径で、集水能力に優れる。50m巻きなので、継ぎ足し回数も少なく省力

管の上にまたモミガラを詰める。目減りを減らして長持ちさせるため、足で踏み込んで隙間をなくす。大量のモミガラを使うため、フレコンは約10mおきに交換

排水口・水閘の設置

水閘(すいこう)は暗渠から排水路への開閉口の役割。横田農場の場合、開けるのは主に春や秋の排水時。夏場は排水口が排水路の水位より下になるため、閉じっぱなしにする。

水閘部分とコルゲート管とのつなぎ目。コルゲート管を塩ビ管に挿し込み、間は肥料袋と布テープでギッチリガード。土が入り込まないようにする

水閘部分は穴のない塩ビ管なので、モミガラではなく直接土で埋める

別の日に、バックホーを使って埋め戻し&転圧して施工完了。写真は転圧後の別圃場

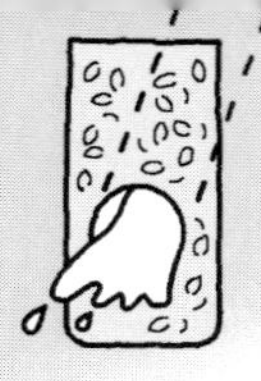

フレコン詰めも超効率的

10aで20㎥以上の大量のモミガラを使うため、使うフレコンの数も相当なもの。横田農場では、調整後のモミガラを一カ所に集めておき、効率よく詰められるようにしている。

モミガラ詰めの作業動画が、ルーラル電子図書館でご覧になれます。編集部取材ビデオから。
https://lib.ruralnet.or.jp/video/

①
農場から出るモミガラの置き場。この山からフロントローダーで持ち上げ……

②
フォークリフトと自作のフレコン吊り器でフレコンを２袋持ち上げ、その両方へと流し込む。これを３回ほど繰り返す

自作のフレコン吊り器。フックに2袋引っ掛けられる

③
十分モミガラが入ったら、フォークリフトで袋をさらに吊り上げ、下に入ってきた軽トラの荷台に積む。２袋詰めて載せるのにかかる時間は2分半ほど

④
あっという間にフレコン８袋（軽トラ４台分）の袋詰めが完了。揃って出発！

自主施工なら半額以下

同等の暗渠の施工を業者に頼んだ場合、材料費や人件費、重機の利用賃などを含め、10ａ20万円ほどかかってしまう。でも、自分たちで施工すれば、かかるお金はコルゲート管ぐらいで、燃料費を含めても半額以下ですむ。メリットは大きい。

横田農場では今年、バックホーを更新。今後も自主施工を進めていく予定だ。１６５haの春・秋作業をスケジュール通り回す舞台裏には、冬の地道な暗渠施工がある。

モミガラ材木暗渠

福島県矢吹町●関根敏雄

モミガラ材木暗渠の構造

泥とともに浸透してくる水は、モミガラの芒のおかげで濾過される（有孔管には土が入りにくい）。材木は丈夫なので、たとえモミガラが腐ってきても、暗渠はそう簡単に詰まらない。土の軟らかいところでは木材の層の側面を波板で囲み、横から浸透してくる泥水を防ぐ。また、溝の深さは、ぬかるむところほど深くする

埋め戻した土
20cm
60～100cm
モミガラ
木の皮がついたバタ板
垂木の切れ端
有孔管（80mm、ダブル）
20～40cm
薄いバタ板
40cm

土が軟らかいときは側面に波板を設置する

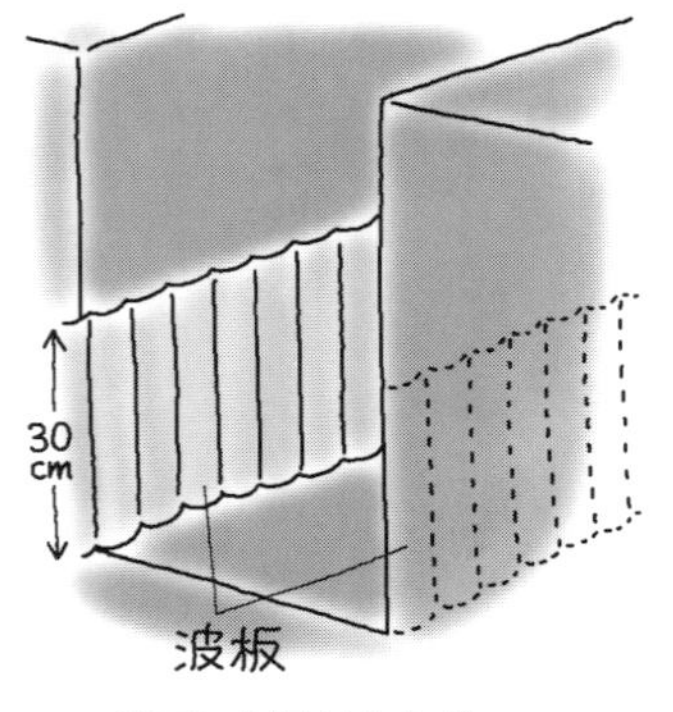

側面から泥が入らず、有孔管が詰まりにくい

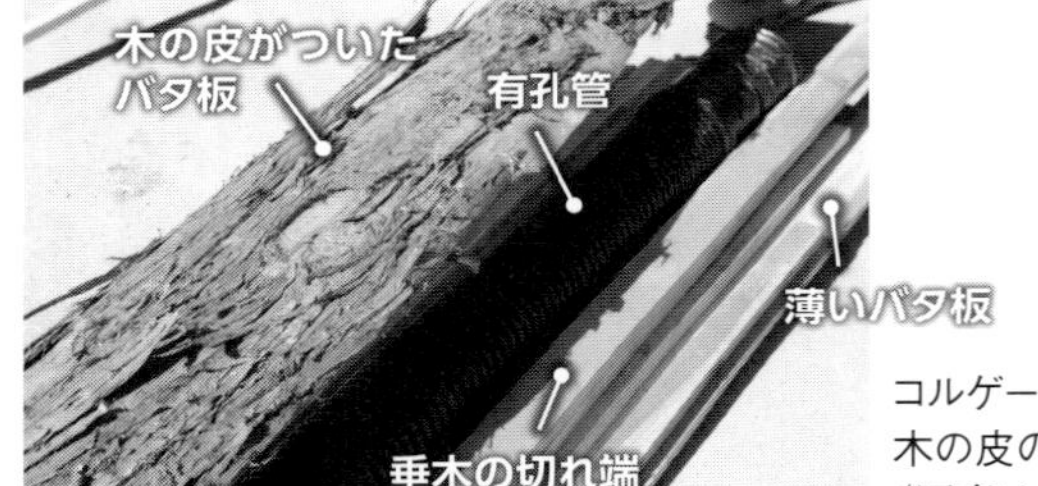

コルゲート管を垂木の切れ端で囲い、木の皮のついたバタ板をかぶせる（写真はすべて倉持正実撮影）

暗渠工事歴、約25年

福島県の南部、矢吹町に住んでいる58歳の専業農家です。前年までは加工トマトをやっていましたが、今年から田んぼが8町8反に増え、田んぼ1本になりました。イネ刈り作業受託も毎年12～15町くらいやります。

さて、イネ刈りや調製作業を終えた12月以降の冬場が私の自由時間です。山の手入れ、木の伐採、そして暗渠工事の受託などをやります。暗渠工事は息子を大学に行かせるためにだいぶやりました。私が暗渠工事を始めたのは、25年ほど前。深さ50～60㎝の溝を手掘りして、有孔管を入れ、その上に疎水材としてササや篠竹を置いてから埋め戻していました。それなりの効果はあったのですが、5～6年たつとだんだん詰まりだしました。そのうち農業機械も大型化し、これまでの暗渠では田んぼがぬかるようになりました。

そこで、1995年にミニバックホーを買い、本格的に自分の田んぼを直しているうちに、人に頼まれるようにもなりました。

最初の頃は自分なりに工夫してやっていましたが、詳しい人に話を聞くう

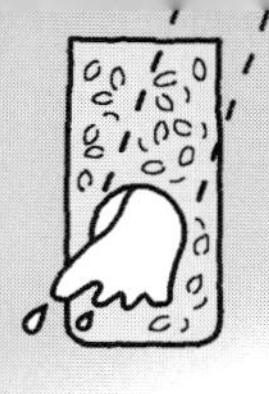

詰まったままの古い暗渠が効かなくても、新しい暗渠で水を排出できる

暗渠が詰まり、漏水した場合の解決方法

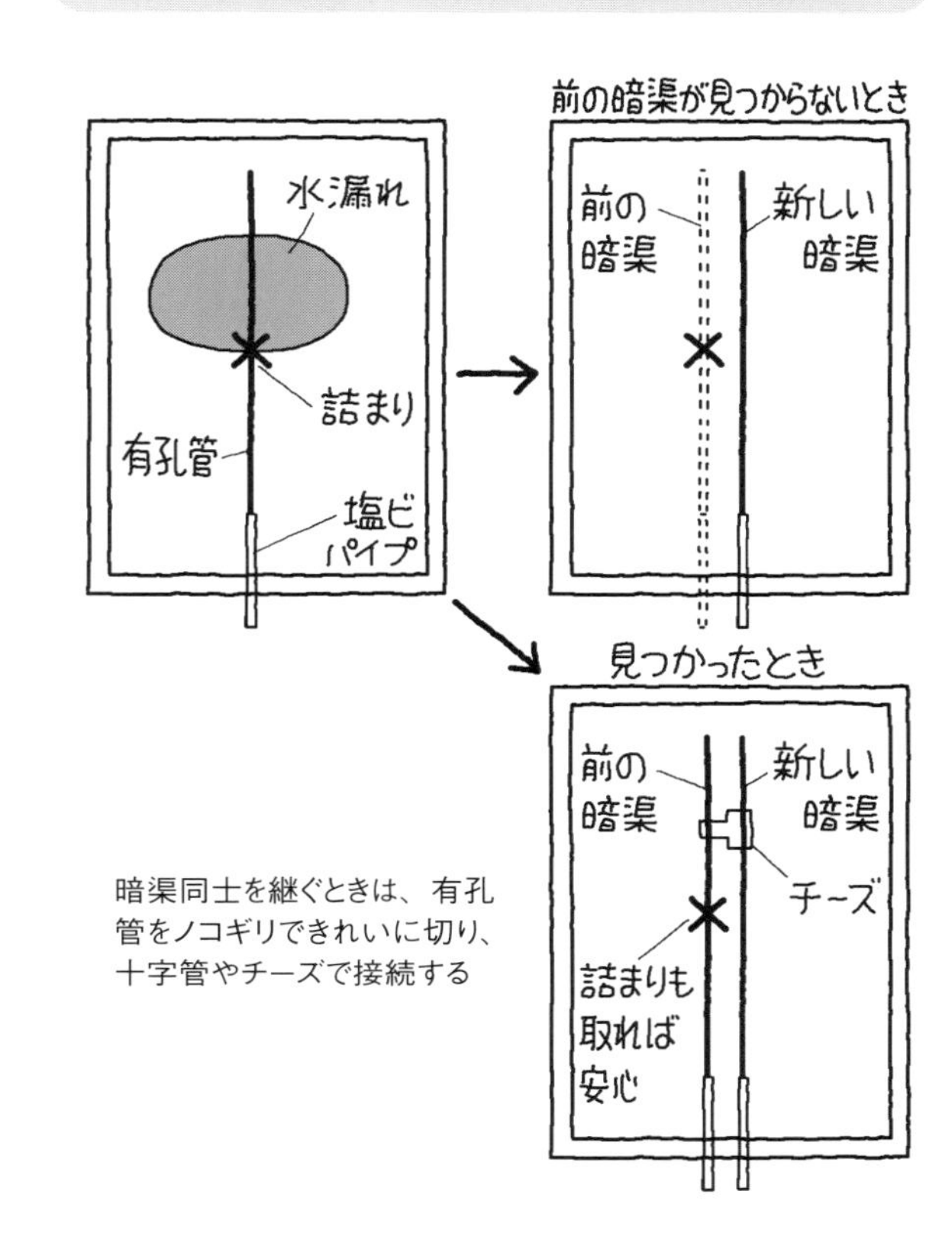

暗渠同士を継ぐときは、有孔管をノコギリできれいに切り、十字管やチーズで接続する

ちに、だんだんと進化して、今の暗渠になりました。

モミガラ木材暗渠の作り方

▼有孔管の周りに材木を敷き詰める

私の基本の暗渠は右ページ図のようになります。

まずは、深さ60〜100cm、幅40cmほどの溝をバックホーで掘ります。ぬかる田んぼほど深くします。

その底に平らで薄いバタ板（端材）を敷きます。板の上には80mmのダブルの有孔管（外面が波状、内面は平ら。どちらも波状のシングル管より丈夫）を置きます。

有孔管の周囲には垂木の切れ端を敷き詰めます。有孔管の目詰まりを防止するのと同時に疎水材の役割もします。適度に隙間ができるように詰めていきます。その上には、後で入れるモミガラが落ちていかないように、木の皮がついたバタ板でフタをします。

これらの材料を入れるときに誤って土が入ってしまったら、丁寧に取り除きます。靴の裏についた少しの土でも隙間が埋まり、水の通りが悪くなるので気をつけます。

バタ板や垂木などの材木は箱類を作っている製材所で砂利の半額（体積当たり）ほどの値段で買います。半分ほどに割られた垂木や、根や皮のついた板などは、いい水の通り道ができるので暗渠にはピッタリです。

▼モミガラはじゃんじゃん入れる

次に、バタ板の上に自宅で出たモミガラを入れます。モミガラを入れるのは、表面の細かい毛で水を濾過し、有孔管の中に土が入りにくくするためです。疎水材を入れても、モミガラがな

高圧洗浄機に自作の逆噴射ジェットを取り付けたところ。噴射する水を推進力にして、有孔管の中を進んでいく

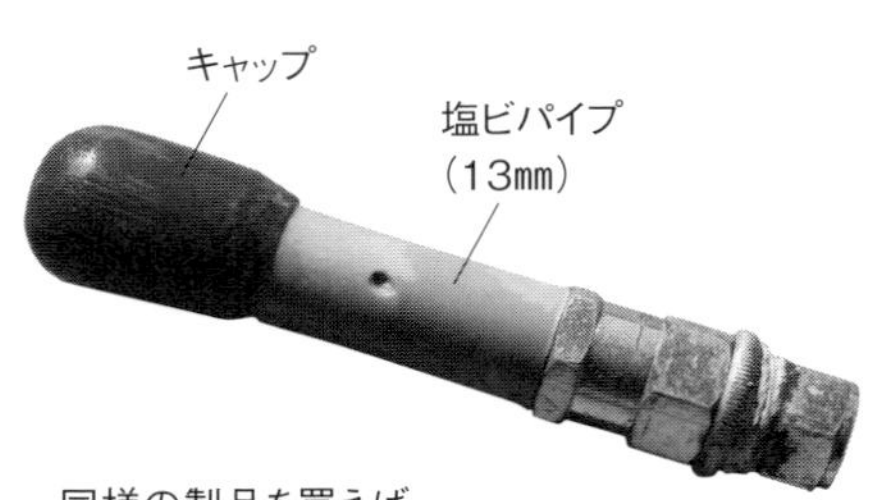

同様の製品を買えば5000円以上するが、1000円で作れた

いと、暗渠に土が入ってしまいます。

いっぽう、モミガラだけで作る暗渠もありますが、土の重みで潰されて隙間が少なくなり、水切れも悪くなってあまり効果がないようです。

モミガラは強いもので、10年ぐらい前の暗渠を掘ってもそっくりそのままの形で、管には土が入っていませんでした。田んぼを耕すときも邪魔になりません。なるべくたくさん入れることです。農家ならモミガラはいっぱいあるし、使い放題です。

モミガラを足で踏んで均一にしたら、土を埋め戻し、最後にバックホーで踏んで平らにします。バックホーが入らないアゼ際付近の土は、丸太などで作った土締め杵を使って締めます。

暗渠の効きが悪い原因は「詰まり」

暗渠を入れたのはいいが、それでも湿田のように水が湧いてくるという悩みも聞きます。

一概には言えませんが、だいたいは有孔管の1カ所に土が詰まって、その部分に水が溜まり、漏れていることが多いようです。こういう場合は、水が漏れているところに新しく暗渠を設置します。もし、詰まった暗渠が見つかれば、詰まりを掃除したうえで2本の暗渠をチーズで接続し、2段構えにすると安心です(前ページ図)。

掃除は塩ビパイプの逆噴射ノズルで

工事をやっているうちに、暗渠やパイプの掃除が必要になり、洗浄用の道具を自分で作りました。材料費は1000円にもなりません。

13㎜の塩ビパイプの側面に、ドリルで数カ所穴を開けます。穴は水が斜め後ろに噴き出すように角度をつけます。それにエンドキャップをかぶせます。これを高圧洗浄機のホースの先に付けて有孔管に入れ、水を流すと、約100mくらいは勝手に進んでいきます。

暗渠はいろいろあります。私も勉強中なので、ぜひ多くのやり方を紹介してほしいものです。

暗渠までの水みち確保に

モミガラ補助暗渠

秋田県湯沢市●雄勝グリーンサービス

「暗渠を入れているのに排水が悪い」という話を聞くことがある。圃場に耕盤などができてしまうと、暗渠までの水みちを確保できなくなることがおもな原因だろう。そんなときに使えるのがモミガラ補助暗渠。

秋田県湯沢市で水稲やダイズなどを60haほど生産している集落営農法人・雄勝グリーンサービスでは、モミサブロー（スガノ農機）という機械を使い、転作ダイズをつくる圃場には毎年モミガラ補助暗渠を入れている。この機械はトラクタで牽引し、溝を切りながら、できた溝にモミガラを充填していけるものだ。

モミガラ補助暗渠を入れた圃場では、雨の後、目に見えて水が引いていき、ダイズやエダマメの生育がとてもよくなったという。

大量に出てくるモミガラは、暗渠に使うという手もありそうだ。

モミサブローのホッパーにモミガラを入れているところ。補助暗渠を5m間隔くらいで入れる場合、1日で約1haの圃場をこなせる。10aに必要なモミガラの量は水稲面積分の約5倍、6㎥ほど。モミガラの水分が多いと施工に多少時間がかかる（写真は雄勝グリーンサービス提供）

モミガラ補助暗渠を入れた畑の断面

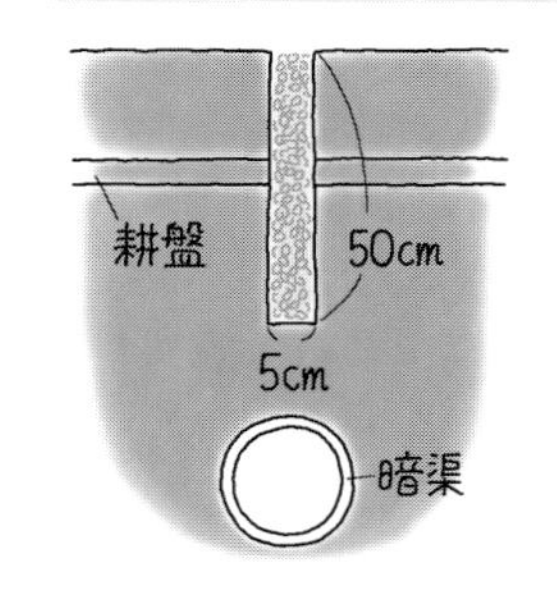

幅5㎝、深さ50㎝ほどの溝を作ってモミガラを充填する。耕盤を破り、水が縦浸透するので暗渠がききやすくなる

断面図

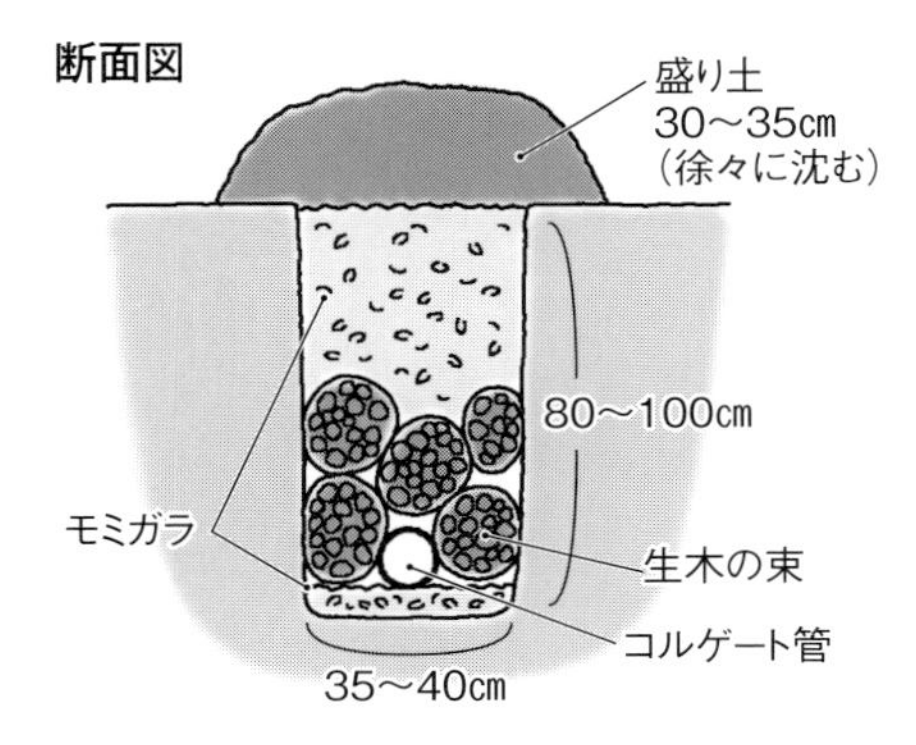

植え付け位置を上から見る

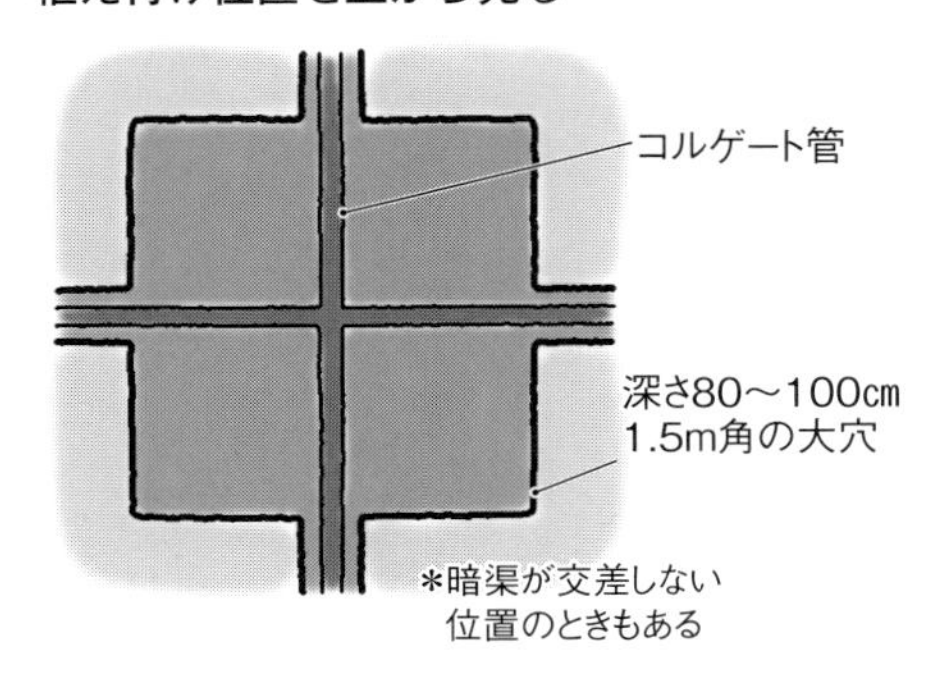

ブドウ畑に生木とモミガラの疎水材

岡山県吉備中央町●久野村 薫

水田転換畑のピオーネを13年前から改植し始めました。しかし、５～６年育成した樹でも細くて粒も大きくならず、ＪＡや友人に相談しましたが、よい回答がありません。そういえば、幼少の頃に父がベリーＡの苗木を植えたとき、大穴を掘っていたのを思い出しました。そこで、新植・改植時に暗渠掘りをしたところ、細根の発生が多くなり、太い結果枝が出て、果粒重も増し、大きな房ができるようになりました。

とくに粘土圃場では左図のように植え付け位置に大穴を掘り、１ｍにつき約２㎝の勾配でコルゲート管を通します。疎水材にはモミガラのほか、生竹や生の雑木の束（直径25㎝）も入れて土の重さによる沈み込みを和らげ、目詰まりを防ぎます。

ただし、生木を埋めるので、紋羽病対策でフロンサイドのかん注が必須です。

70年間現役!?

孟宗竹暗渠

千葉県匝瑳市●行木（ゆうき）幸弘

バックホーに乗っているのが筆者（53歳）。イネ23haを栽培。今回作業を手伝ってくれたのは地域の祭囃子の仲間や息子とその友人たち（写真はすべて赤松富仁撮影）

約70年前に竹暗渠を施工した圃場の排水口

25年前に父の農業を継いで今に至ります。「少量でも質がよく、安心安全な農産物を売る」経営を念頭に置き、減農薬の稲作に取り組んでいます。

私の住む匝瑳（そうさ）市木積地区は中山間地で、圃場の多くが泥炭層のある谷津田です。山からの湧き水が圃場へ染み出し、地下からふき上げ、大雨がなくても圃場に水が溜まります。ぬかるみがひどく、トラクタが入れないほどで、暗渠の施工が必須です。

竹暗渠なら30年以上持つ!?

就農10年目まではコルゲート管の暗渠を施工していました。しかし、とくに泥炭層のある圃場では、施工後10年もすれば暗渠が詰まり、元通り圃場に水が溜まってしまいます。そこで、15年ほど前から孟宗竹の竹パイプを使った「竹暗渠」を中心に施工しています。身近にある竹を使うので材料費がかからないうえ、土の中に埋めた竹は酸化しにくく、腐りにくいので長持ちします。また、コルゲート管の場合、

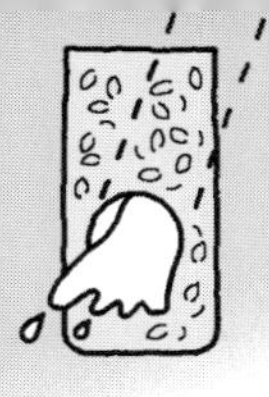

まずは竹パイプ作り

皮が厚く丈夫な2年目以降の孟宗竹を選び、水を吸い上げない時期（9～11月）にチェンソーで伐採。その後4mの長さに切る

竹を割く。2節目くらいまで鉈を入れると、あとは手で裂ける

節の内部をトンカチで叩き割る。両端から2節目まではパイプの接続部になるので、きれいに取り除く

節間をえぐり取って集水口を作る（左右両側）。目安は横2㎝縦5㎝。刃をえぐるように動かすときれいに裂ける（矢印の方向からも軽く刃を入れてある）

割った竹を番線で縛る。両端2節目あたりと中央の3カ所を縛れば十分。節の真横で縛るとよく締まる

形を保っていても中でヘドロが詰まることがありますが、どういうわけか竹暗渠はほとんど詰まりません。

コルゲート管が普及する以前、木積地区では竹暗渠が一般的でした。私が15歳のときに父と施工した竹暗渠は、38年たった現在でも詰まることなくよく効いています。竹には乳酸菌が豊富にいるので、疎水材のモミガラが腐ってヘドロになって流入しても、竹内部の乳酸菌による自浄作用により詰まらずに流れるのではと考えています。

竹とコルゲート管を使い分ける

竹暗渠はどんな土質の圃場にも対応できます。コルゲート管が詰まるような泥炭層圃場でも、詰まることはまずありません。また、竹暗渠は劣化しても細長い「竹ひご」状に割れるため、できた隙間を水が流れてしっかり排水してくれます。

いっぽう、粘土質土壌の暗渠は今でもコルゲート管を使っています。粘土質の土はコルゲート管が詰まりにくく、15～20年は使えます。竹を伐採し、加工する手間を考えるとコルゲート管のほうが効率的だからです。

ぬかるむ圃場に竹暗渠を施工

今回施工するのは約20 aの湿田。地下約1 mに全長約50 m（竹パイプ13本分）の暗渠を入れる

暗渠の構造。暗渠を閉めたときに圃場に水が溢れる可能性があるので、通気口としての役割の立ち上がり管を明渠につなげて水の逃げ道にもした

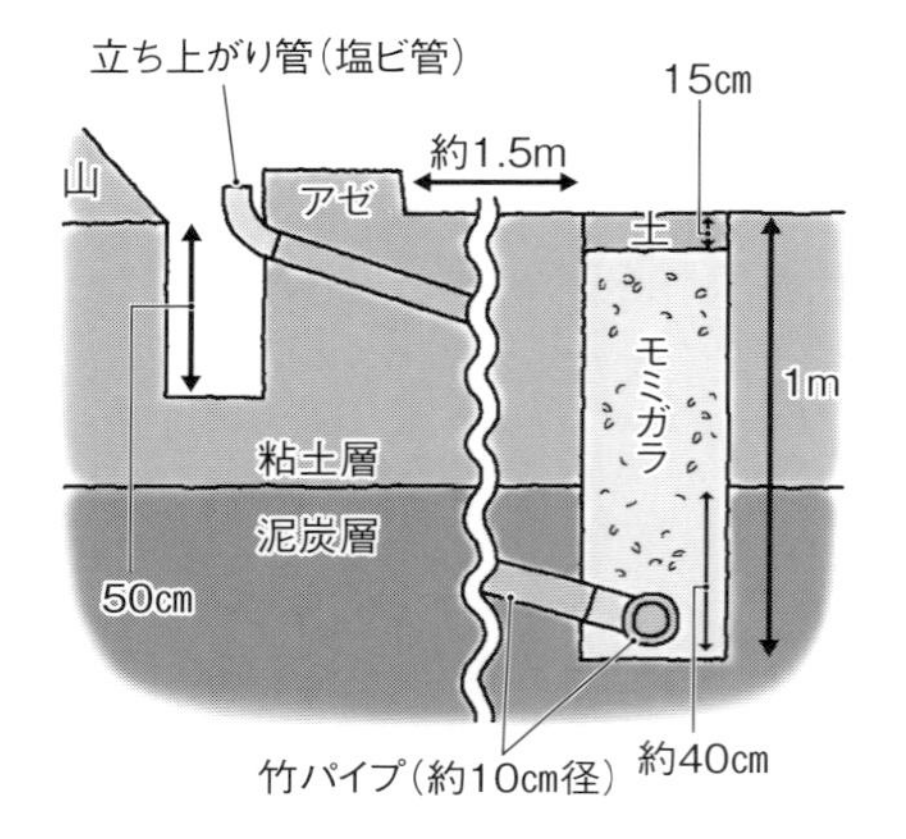

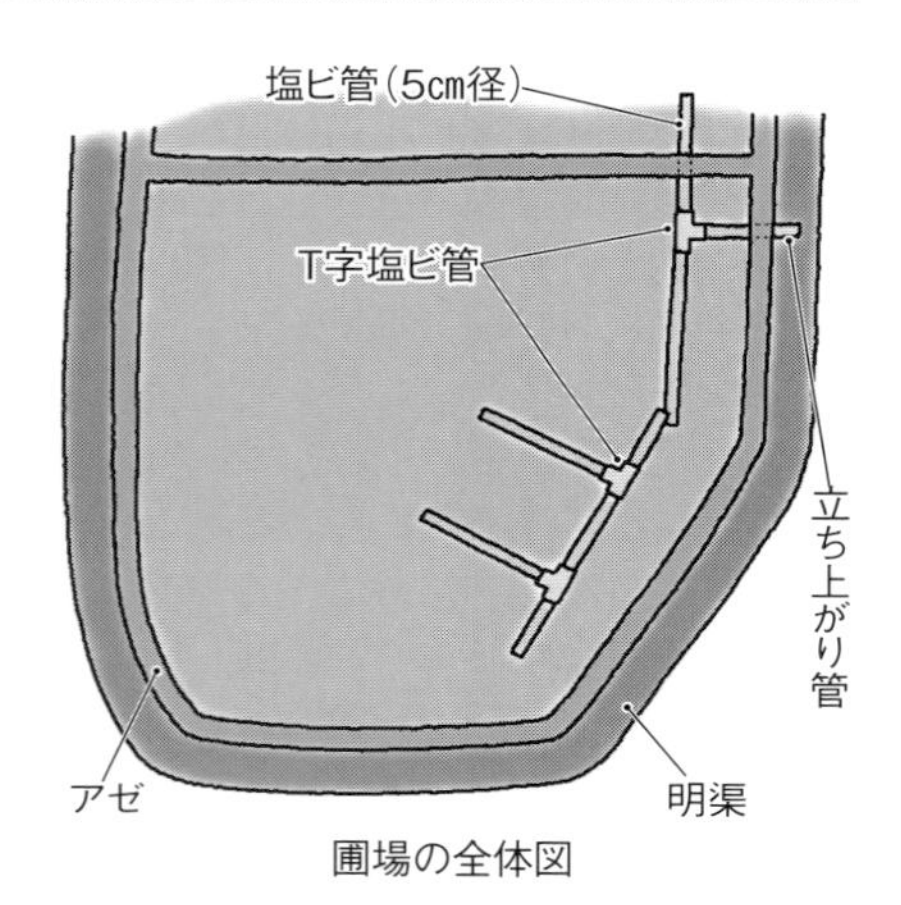

圃場の全体図

圃場を掘る

バケット幅45cmのバックホーで深さ1mの溝を掘っていく

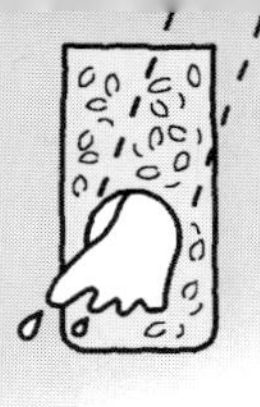

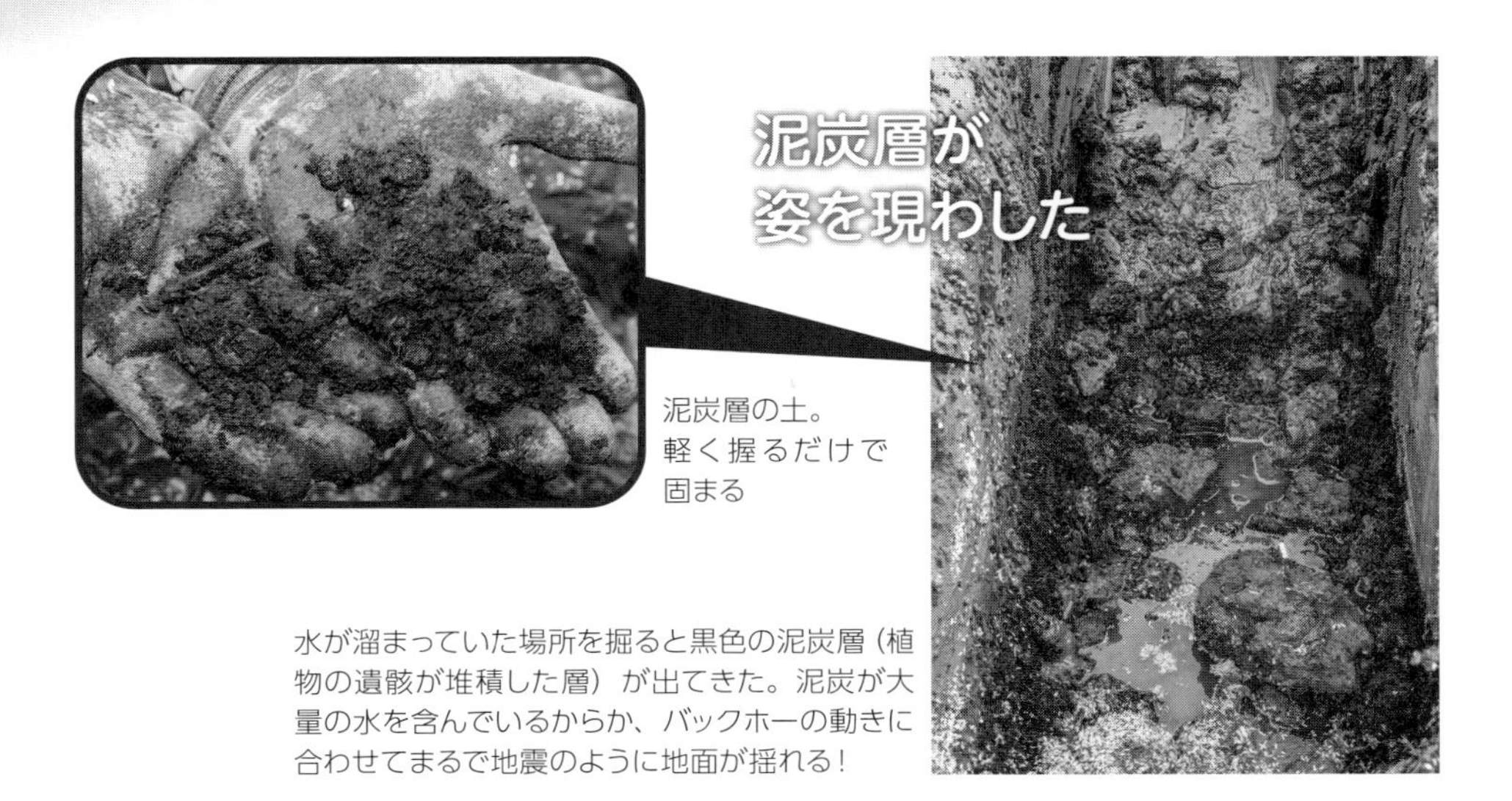

泥炭層の土。
軽く握るだけで
固まる

水が溜まっていた場所を掘ると黒色の泥炭層（植物の遺骸が堆積した層）が出てきた。泥炭が大量の水を含んでいるからか、バックホーの動きに合わせてまるで地震のように地面が揺れる！

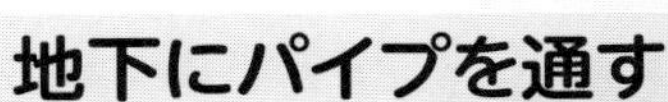

地下にパイプを通す

13本の竹パイプをつなげていく

10㎝ほど敷いたモミガラの上に竹パイプを置く。左右の集水口は横向きになるように寝かせると、上からの圧力に強くなる

パイプの細いほう（竹の先側）を排水口側に向けて、パイプを挿し込むことでつなげていく。接続部はモミガラ袋（ビニール）で軽く包む

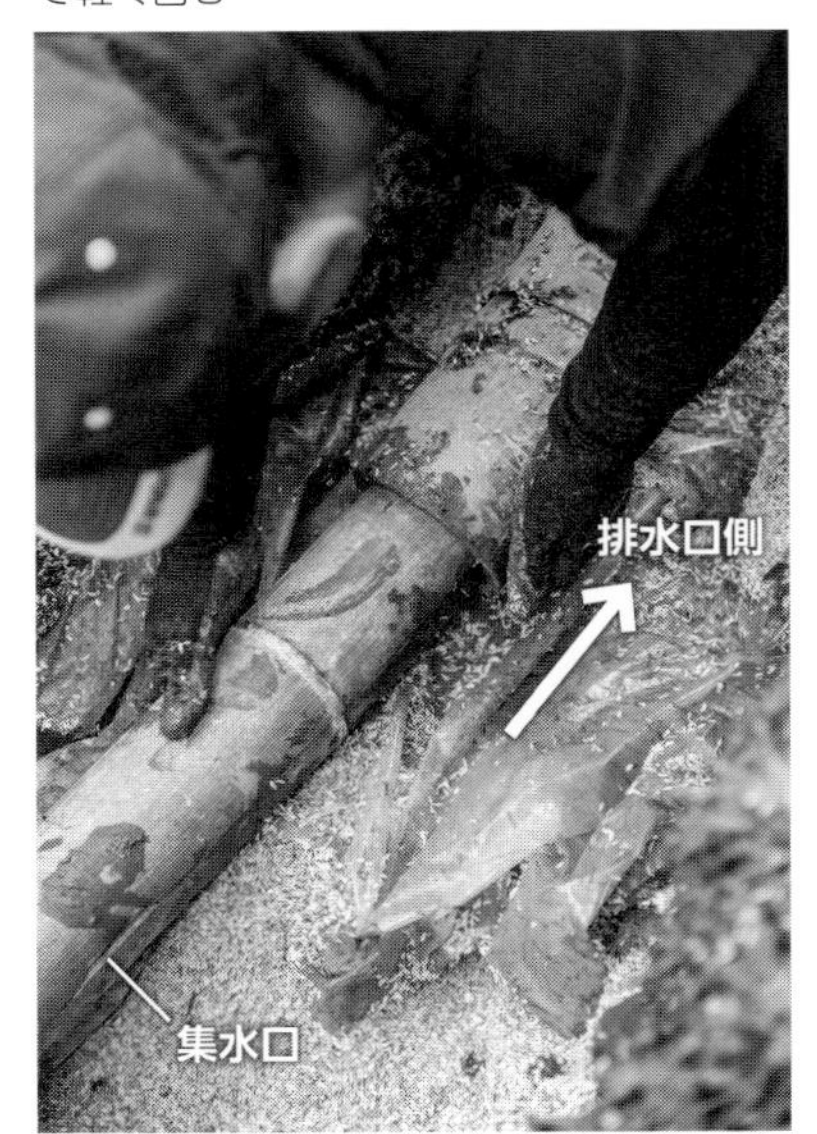

パイプの上からモミガラを投入し、上を歩いて鎮圧する。その上から土を埋め戻しつつバックホーのバケットで軽く鎮圧。さらに、土が乾燥する2月頃にバックホーのクローラで鎮圧する

竹暗渠で、耕作放棄田が復活

鹿児島県日置市●宮下敏郎

切る
下から3分の2のところで切る
この上に土を載せて締める
80cm
50cm
コルゲート管（有孔管）
塩ビパイプ（コルゲート管につなぐ）
アゼ
ぬかるみ
竹暗渠
水路
ぬかるみに竹暗渠を入れ、塩ビパイプで排水口へ導く

疎水材に竹、なかなかいいぞ

10年くらい前。湿田で使いにくく耕作放棄されていた田を借り受け、ダメもとで以前の暗渠（コルゲート管と、疎水材に砂利を使ったもの）を掘り起こして、コルゲート管を掃除。きれいにした管の上に大量の竹を投入して埋め戻してみました。すると、これが思いのほかうまくいき、排水がよく、見違えるような田になりました。これが、私の竹暗渠の始まりです。

暗渠が入っているのに湿田になってしまうのは、コルゲート管が目詰まりしているなどの不具合か、もしくは、疎水材の砂利の量が少ない、泥で砂利の隙間が埋まっていることなどが多いようです。掘り起こしてみると、原因はすぐわかります。

私は毎年、様々な原因で湿田になっている田を竹暗渠入りの田んぼに作り直す仕事をしています。

竹は地主に相談し、無償でもらっています。必要な竹は、50mの暗渠に20㎥ほど。2tのロングトラック山盛り3台分くらいです。

私のやり方はなるべく費用をかけずに自分ですることですが、問題は竹の切り出し運搬です。幸い、私の友人がモア付きバックホーを持っているので、それで切ってもらっています。人力では大変です。

竹暗渠の作り方

①ぬかるんでいるところにバックホーで幅50㎝、深さ80㎝くらいの溝を掘る。幅30㎝では詰まりやすい。深すぎると、水の抜けるのが遅い。このとき溝はほぼ水平にする

②竹を敷き、その上にコルゲート管を置く

③管の上からも竹を大量投入。竹は、あらかじめ上3分の1と下を切り分けておく。下の太いほうを溝の底に敷き詰め、次に、上の細いほう（ササがついているほう）を載せる。土を載せると沈むため、周囲よりも盛り上がるようにする

④コルゲート管に75㎜の塩ビ管（4m）をつなぎ、排水口へ導く

⑤土を戻し、バックホーで踏み締める

竹暗渠施工の手間と費用

10aの田んぼ1枚当たりの竹暗渠（50m）の施工費は以下のとおり。
竹切り・運搬に2日間、暗渠工事に3日間かかる

〈竹切り・運搬〉

竹運搬トラック	6000円×2日
竹切り人夫代	1万円×2日

〈暗渠工事〉

バックホーリース代	6000円×3日

※自分の田んぼに自分の機械で施工するときは、バックホーとトラックの経費はかからない

荒れ地の灌木で暗渠

福島県南会津町●羽田 正

重機を使って溝に灌木を詰める

灌木を詰めた溝。埋め戻せば完成

農業は誇り高い産業であると思う。我々は建設業から農業に進出したわけだが、農業経営はたやすいことではない。まして専門の農家が耕作放棄した土地を使用しており、かなり難しいものがある。

いま借用している農地はその昔は原野や河川敷であった土地で、耕地にするための土木工事を我々の業界が行なったわけである。このような農地を将来にわたり維持するために、何かできないものかと思い、農業に取り組んでいる。

荒れ地の樹木を暗渠に利用

いままで解消してきた耕作放棄地の多くは、政策によって整備された大規模な農業団地（おもに畑や園地）だが、地元の農家が作物をうまくつくることができずに放棄されていた。

その最大の要因は、水はけが悪いことだ。また、表土は粘土質の土に石が混じっているような場所が多く、全体に酸性が強い（pH４・０）土地だった。

排水の悪いところは、放棄地に生えていた灌木の根および幹、枝などを利用して暗渠排水を作った。作り方は幅１m、深さ１・２mくらいの溝を掘ったら、灌木の根、幹、枝等を掘った溝の中に入れ、仕上げに表土を40～30cmかけるだけだ。

溝は約10m間隔で、圃場に高低差があるときは低いところに、傾斜している場合は、図のように傾斜に対して斜めに掘ると水が抜けやすい。

この工法により畑の排水は改善し、ソバを作付けしても問題なく収穫できるようになった。

また我々建設業の場合、土木工事で出た灌木などは有料で処分する産業廃棄物となるが、それも排出することなく施工することができた。

傾斜地での暗渠の作り方

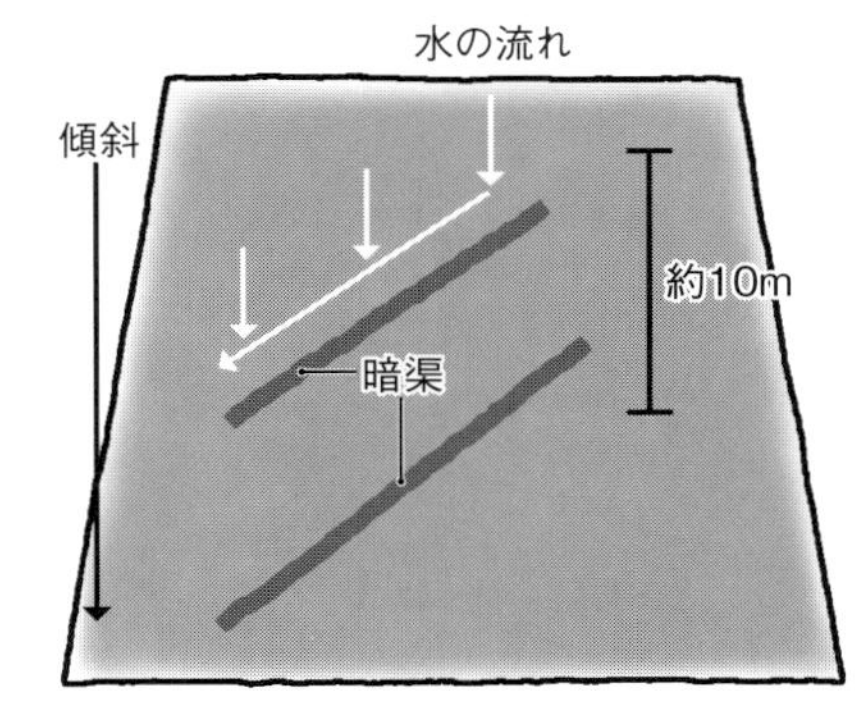

瓦チップを充填して頑丈な弾丸暗渠

鳥取県鳥取市●徳田要介

瓦チップ用ホッパーを増設した改造サブソイラ。瓦チップ充填の弾丸暗渠を簡単に施工できる

弾丸暗渠を長持ちさせたい

2013年に鳥取県農業試験場を定年退職し、その後も19年まで非常勤職員として農業機械の開発に取り組んできました。それ以降は農家として、水田1・1ha、畑5aの経営をしながら、木工や農業機械の開発・施工も行なっています。最近では、湛水直播用のリモコンボートの製作と散布受託に取り組んでいます。

私の水田は中山間地域にあり、毎年、排水対策に多くの労力を費やしていました。とくに、水田の山側にあたる部分からの湧水対策が必要で、ほとんどの圃場で額縁明渠を掘り、排水路まで排水しています。すべて手作業で行なっているため、大変苦労を感じています。

もう一つ、効果的な排水対策として、振動サブソイラによる弾丸暗渠の施工があります。しかし、施工後1～2年で弾丸部分が埋まってしまうため、長期的な効果は期待できませんでした。

そこで考えたのが、弾丸部分への疎水材の充填です。疎水材によって形状を保つことができ、効果が持続するのではないかと考えました。疎水材として有効なものを調べ、効果や入手のしやすさ、経費などの面で適当だった瓦チップ（直径10㎜以下のもの）を使うことにしました。

溶接で瓦チップ用ホッパーを増設

サブソイラは日の本製です。これを改造し、弾丸暗渠を入れながら疎水材が充填できるようにしました。

具体的には溶接で、瓦チップを入れるためのホッパーと、瓦チップを土中に投入するためのスリット（投入口）を追加しました。これを25馬力程度のトラクタに装着し、深さ35㎝を目安に弾丸暗渠を施工。弾丸暗渠が入ると同時に、瓦チップが弾丸部分に充填される仕組みです。

瓦チップは県内の業者に直接取りに行っています。細かいチップも混じっ

サブソイラの振動によってスリットから瓦チップが落ち、弾丸部分に充填されていく

溶接でホッパーとスリットを自作。厚めの鉄鋼を利用して、瓦チップの重量に耐える強度をもたせることが必要。廃材活用で材料費は3万円ほど

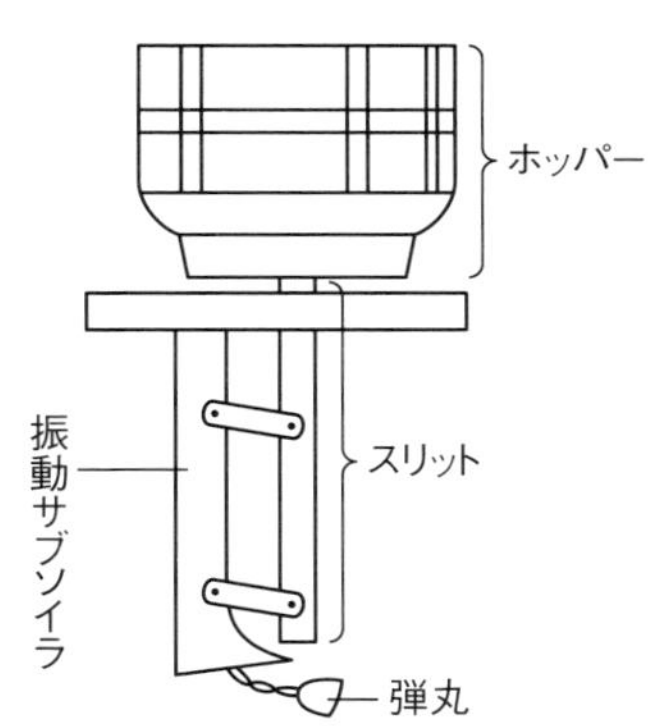

10a当たりの作業効率と経費

施工時間	4時間（施工距離200m ／クリープ・3速、PTO回転数1500）
人員	オペレーター1名。補助員（瓦チップの運搬、投入）2名。 運搬にはクローラ運搬車を利用
経費	瓦チップ1万1000円。人件費（補助員2名×4時間）8000円。 キャップ付き排水パイプ（直径75㎜）2500円

施工手順

①排水桝をスコップで掘る。畦畔を掘って排水パイプが排水路まで出るように設置する。

②排水桝から北側に向かって弾丸暗渠を施工する。

③1から4の順で東西方向に弾丸暗渠を施工する。この時、②で入れた暗渠としっかり交差させ（○部分）、水みちを接続させることが重要。

④最後に排水桝にも瓦チップを深さ20㎝のところまで投入し、上から土をかけて埋め戻す。排水パイプの先端に網をかぶせて瓦チップの流出を防ぐ。

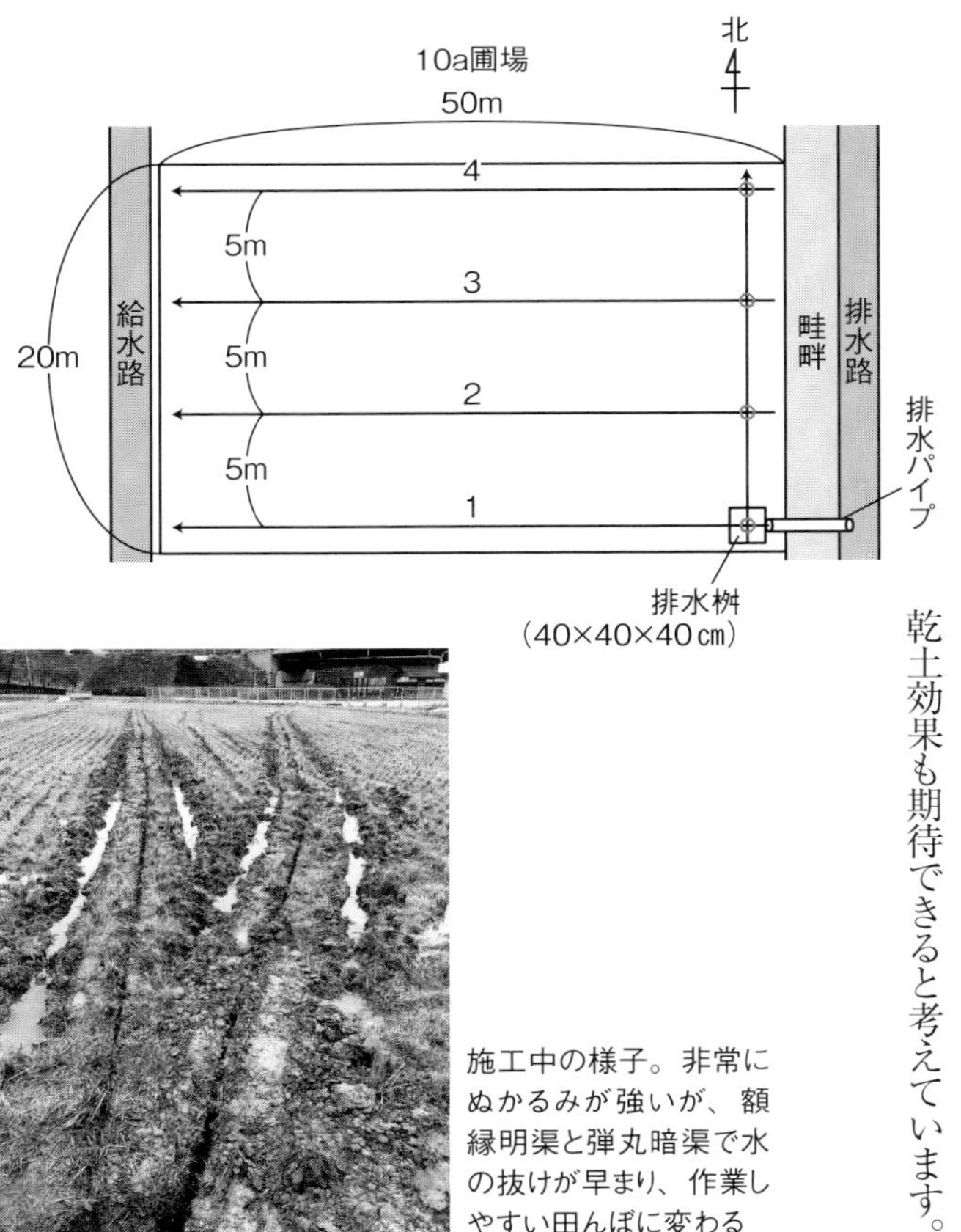

施工中の様子。非常にぬかるみが強いが、額縁明渠と弾丸暗渠で水の抜けが早まり、作業しやすい田んぼに変わる

ている分、価格が安くなり、1㎥で約5500円。10aに必要な瓦チップは2㎥ほどなので、反当たりでは1万1000円です。その他、くわしい施工方法は上のとおりです。

今年3月も50aほど瓦チップ入りの弾丸暗渠を施工しました。その後、降雨でぬかるんだ際、5日ほどで表面水がなくなり、排水パイプからは水が出ていました。長年、排水対策で苦労していた圃場でしたが、低コストで排水が改善でき、作業性も上がりました。乾土効果も期待できると考えています。

大雨でもガンガン排水できる
タイヤ暗渠

茨城県八千代町●青木東洋さん

青木さんのレタス畑のタイヤ暗渠

高
水が溜まりやすい窪み
タイヤ暗渠
排水プール
低
隣の水田の排水路（穴開きU字溝）

地表面
60㎝
古いビニール
185/70-14の古タイヤ
直径61.5㎝

春作レタスの頃は、排水路の水位が高くなることはないので、ポンプアップの必要はなく、U字溝の側面の穴から水路に排水される

青木東洋さんは、畑の一部がわずかに窪んで水が溜まりやすいレタス畑に、「タイヤ暗渠」なるものをつくった。タイヤを並べて大きな土管状の排水管にするので、ふつうの暗渠では排水が間に合わない大雨の時にも、驚くほどの排水能力を発揮する。

バックホーの幅に合う古タイヤのサイズは185/70-14。ちょうど当時最もポピュラーなサイズだった。自動車修理屋のいとこに集めてもらい、自分で工事した。タイヤの隙間から土が入り込みにくいように、タイヤを並べた上にはトンネルに使った古いビニールをかけてある。畑の一番低い角には、水を排水路にポンプアップできるようにプールを掘った。

タイヤ暗渠の排水プール。流れてきた土が溜まって浅くなったが、大雨が降ると今でも泥水がボコボコ湧き出るので機能している

軽くてよく効く
軽石暗渠

鹿児島県日置市●松元純市

私の土地は、山が浅く湧水量の極めて少ない源流域の棚田です。鹿児島で「きすな」と呼ばれる、粘土質の強い火山灰風化土壌で、水はけが悪く山側はぬかるみ、土手側はカラカラになります。

10年ほど前、懇意にしている建設会社の社長さんに頼んで、暗渠の疎水材に使えそうな軽石を無料でもらいました。コンクリート用の砂に代わる実験資材として採取されたもので、篩い分け後の廃棄物とのこと。サイズは直径30〜300㎜とさまざまでした。

軽くて施工がラクで、効果も抜群。これまで使用した20㎜、40㎜の採石やモミガラに比べて目詰まりしにくく、イネ刈り時期の乾きがまるで違います。ある程度天気が続けば軽トラでも入れます。

一番の難点は入手のしにくさでしょうか。

サトちゃん考案

塩ビ管とコルゲート管の「ダブル管暗渠」

福島県北塩原村●佐藤次幸さん

本誌おなじみのサトちゃんは、今年転換畑に暗渠を施工した。特徴は左下写真のような「ダブル管」。砕石（疎水材）代わりに安くて丈夫な塩ビ管を入れることで、目詰まりもしにくく、潰れにくい構造になる。万が一コルゲート管が潰れても、塩ビ管が生きていれば流量を保てるという。

防草シート（上側）
上の土による目詰まりを防ぐ。水はよく通す

木の枝
なるべくスペースを保つために入れている。余った塩ビ管などでもいい

防草シート（下側）
両方の管を下から包んで、下や横からの土による目詰まりを避ける

塩ビ管
疎水材代わりに入れたが、排水能力も優秀。側面に一定間隔で穴を開けてある

コルゲート管
集水性に優れる。周囲の水を吸い、塩ビ管にも受け渡す

（写真はすべて倉持正実撮影）

全体構造

木の枝など
60㎝程度
コルゲート管
塩ビ管
防草シート

取材時の動画が、ルーラル電子図書館でご覧になれます。
「編集部取材ビデオ」から。
http://lib.ruralnet.or.jp/video/

目詰まり防止にコンバイン袋の不良品など、細かい網目状のものを側面と上面に敷く

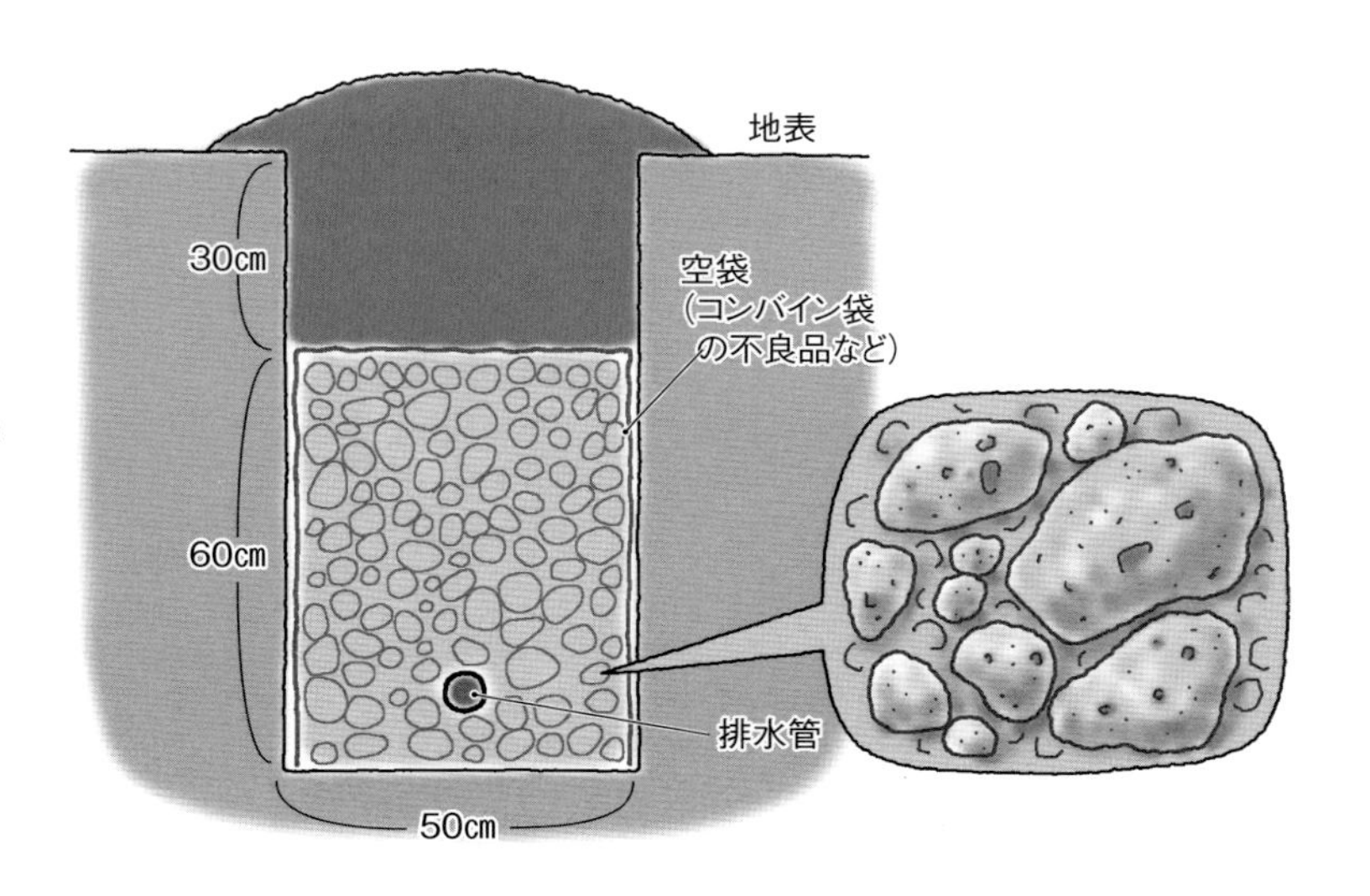

いろんな材料で暗渠

明渠・暗渠で劇的に変わる！

北陸でもタマネギはとれる！
徹底排水で7tどり
富山県砺波市●ＪＡとなみ野タマネギ出荷組合

徹底排水で、収量が4倍に!?

冬の積雪、秋の長雨で栽培が難しいとされてきた北陸地方のタマネギ。ＪＡとなみ野では、２００８年秋から取り組み始めた。

下のグラフを見ていただきたい。これは、タマネギの収量の移り変わりだ。初年度は反収２ｔ。その後も２年間は湿害で収量が伸び悩んだが、２０１２年度に、栽培マニュアルを根本から見直した。作型や圃場選定の見直しもさることながら、一にも二にも排水対策を徹底した。これが功を奏し、２０１２年度の収量は倍増。そして、２０１４年度には４・８ｔと、当初の目標反収４ｔを大幅に上回ったのだ。

排水で収量がこんなにも変わるのか？　その秘密を聞きに、５月29日、ＪＡとなみ野の営農指導員・雄川勉さん（48歳）を訪ねた。

弾丸暗渠と額縁明渠を徹底

「初年度から３年間の成績見たら、だれもやらないのがふつうですよね。それなのに、生産者さんたちはついてきてくれました。さらに、そっから這い上がってきたんです」。雄川さんは力強く語る。現地での排水対策研修会を開いたり、画像や動画による座学をしたりと、管内の農家に排水対策を徹底してきた人だ。

ＪＡとなみ野では、タマネギも水田転作のブロックローテーションに位置づけている。イネ→タマネギ→ダイズ→イネの順番で回すのだが、排水対策として、イネ刈り後すぐに、弾丸暗渠と額縁明渠を施工する。

実際に排水対策をした、２カ所の圃場を案内してくれた。

図１　タマネギの収量の推移

右が齊藤忠信さん、左が雄川勉さん
（写真はすべて赤松富仁撮影）

排水対策したものの…

雄川さんがまず見せてくれたのが、3mおきに弾丸暗渠を施したという圃場。葉先枯れが気になる。

ちなみに「今年の作柄は、外葉形成期の4月は多雨と日照不足、球肥大期の5月は干ばつと、なかなか厳しい条件」だという。葉先枯れも、干ばつで発生したという。

「額縁付近を見てください。葉身が3枚ほど。玉もピンポン玉くらいの大きさしかない。これは、定植直後の湿害が原因なんです」

雄川さんの見立てによると、暗渠排水が明渠につながっていないものがあるか、明渠の水が排水口まで流れていないかが原因ではないかとのこと。また、ここは、大型のトラクタの出入りが激しく、耕盤がデコボコになっている可能性もあるという。

対策として、弾丸暗渠の間隔を狭くしたり、額縁明渠をより深く掘り、お互いを確実につなげたり、排水口をより深く掘ったりといったことが様々考

図２　排水対策のやり方

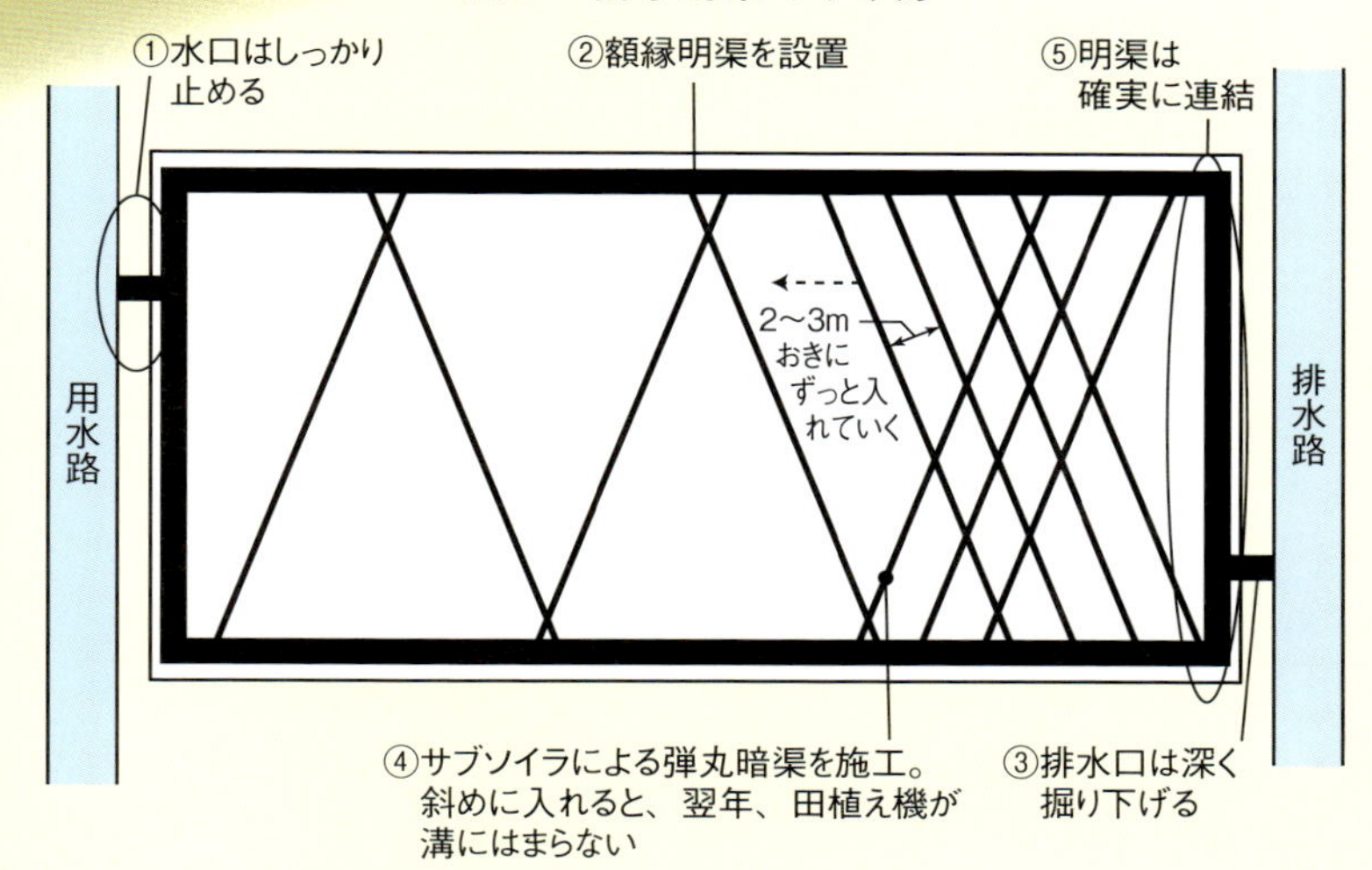

①水口はしっかり止める
②額縁明渠を設置
⑤明渠は確実に連結
用水路
排水路
2～3mおきにずっと入れていく
④サブソイラによる弾丸暗渠を施工。斜めに入れると、翌年、田植え機が溝にはまらない
③排水口は深く掘り下げる

図３　額縁明渠と弾丸暗渠（断面図）

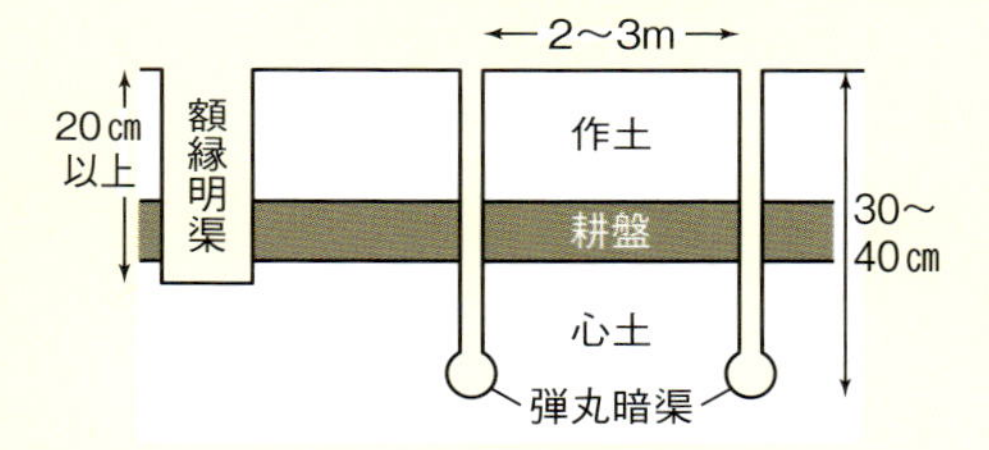

額縁明渠は耕盤より深く掘り、サブソイラによる弾丸暗渠は深さ30～40㎝、2～3mおきに入れる。排水性が悪い畑は暗渠の本数を増やす

ウネ間かん水の様子。18時頃から入水を始め、ウネ肩が水に浸かるくらいまで溜める。排水対策をしている畑なら、翌朝には水が引いているという

図４　タマネギの作型

月	1	2	3	4	5	6	7	8	9	10	11	12
秋播き初夏どり				ウネ間かん水		収穫		播種●	排水対策	定植▼		

矢印のところは、水が溜まって生育が停滞している。また、額縁明渠の近くの列は軒並み生育が悪かった

葉が細く、生育の進み方がバラバラ

えられる。しかし、「水田圃場は、どれも同じように見えますが、地力や、もともと持っている排水性は一枚一枚違うんです。どの畑でも、こうやればOKですよ、という技術はまだ未確立なんです」とのこと。そんな中、雄川さんが「これはイケるかも」と思っている排水対策があるという。

大麦の翌年のタマネギは、排水抜群

そこは、JAとなみ野タマネギ生産組合長、齊藤忠信さん（74歳）が代表を務める、（農）ファーム野尻古村の圃場。昨シーズン、反当たり7tどりを達成した法人だ。先ほどの圃場とは一変、鮮やかな葉身の葉鞘がピシッと並んでいてウネが見えない。玉揃いもいい。雄川さんも齊藤さんも「今年はL、2Lが80％はとれそうだ」と揃ってにんまり。

「この圃場も、同じように排水対策をしました。弾丸暗渠を3mおきに入れて、額縁明渠どうしをつなげ、排水口を深く掘る。ただしここは、イネの後に大麦をつくり、その翌年につくったタマネギです。大麦の根が耕盤を突き抜けるからか、水はけが一段とよくなった」ということだ。

ファーム野尻古村では、イネの後にまず大麦をつくり、6月に収穫したら、数カ月あけてタマネギを定植、翌年はダイズ、その次はイネという順番で回すのだ。もちろん、大麦の栽培前にも、タマネギ同様の排水対策をやる。その結果、大麦の生育がよくなり、収量が増えるというオマケがついた。

クロタラリアで、地力がついた

ファーム野尻古村が、雄川さんとと

前年は大麦を栽培した畑。
ウネは20cmと高い

葉の生育はビシッと揃っている

大麦の刈り取り後にクロタラリアを
すき込んだ畑。2Lが多そう。あと2
週間以内に収穫できるという

もに取り組んでいることがもう一つある。緑肥の活用だ。

6月中旬に大麦を刈り取ったら、7月下旬にクロタラリアを播種、55日後にすき込む。畜産農家の少ない富山県では、牛糞堆肥や鶏糞堆肥などを手に入れるのは難しい。そこで、大麦収穫からタマネギ定植までの期間、クロタラリアのチッソ固定能力を活かして、地力をつけようという作戦だ。

クロタラリアを播いた圃場では、生育ステージが進んでいるためか、葉身がほとんど倒れていた。サイズも申し分ない。収穫が楽しみだ。

◇

8月8日現在、JAとなみ野タマネギ出荷組合の平均収量は未確定だが、おおよそ4・5tくらいになりそうだという。昨シーズンの4・8tには劣るが、タマネギ生産が困難な気象条件の中では十分な成果ではないだろうか。今シーズンの特徴は、「今までは、上位と下位の間の収量に幅があったが、その差が縮まってきた」ことだそうだ。

排水がうまくいった畑（3ha）に立つ杉本さん。大麦は、丈が120㎝以上上と大柄。揃いがよい。粗麦重は10a611kg（赤松富仁撮影、以下A）

徹底排水で大麦はこれだけ変わる
（六条大麦のファイバースノウ）

徹底排水で大麦反収2倍、ダイズは2・7倍

福井市●南江守生産組合

大麦づくりに特別な技術は必要ない

立派な大麦畑だ。南江守生産組合の組合長・杉本進さん（67歳）に畑の中に入ってもらうと、穂が胸まで来た。それに、この穂揃いのよさ。アゼ際は豆腐のようにカドが立っている。この畑の反収は生麦で652kg。乾燥しても600kgにはなりそうだ。

一方で、なかには左上の写真のように300～400kgしかとれないところもある。転作で大麦を始めた当初はこんなのばかりだったが、現在は17・5ha中2～3haまで減った。昨年は、全面積平均で反収532kgと県平均（307kg）を大きく上回り、全国麦作共励会で農水大臣賞を獲得。大麦

条に沿ってそれぞれ40cm分の穂を掘り出した。排水に成功した圃場の大麦は大柄。穂数も多く、揃いがよい（A）

手を尽くしても湿害に遭いやすい圃場（2ha）。排水対策を講じる前はこれがふつうだった。丈が90cm以下で、生育もまばら。被覆されにくいからか、雑草も多い。粗麦重は10a377kg（A）

南江守生産組合の排水対策の歴史

年度	前年播種前にやったこと	反収（kg）
1997	大麦初収穫	265
2003	レーザーレベラーとサブソイラを導入。中掘り開始	358
2006	暗渠パイプ洗浄作業開始、大麦の元肥一発肥料導入	296
2008	サブソイラの間隔を狭くし（2～3m）、中溝掘りをやめる	482
2013	中溝掘りを全筆で再開。播種前の耕耘をプラウからロータリに変更	525
2014	溝掘り機更新	532

図1　南江守生産組合の排水対策

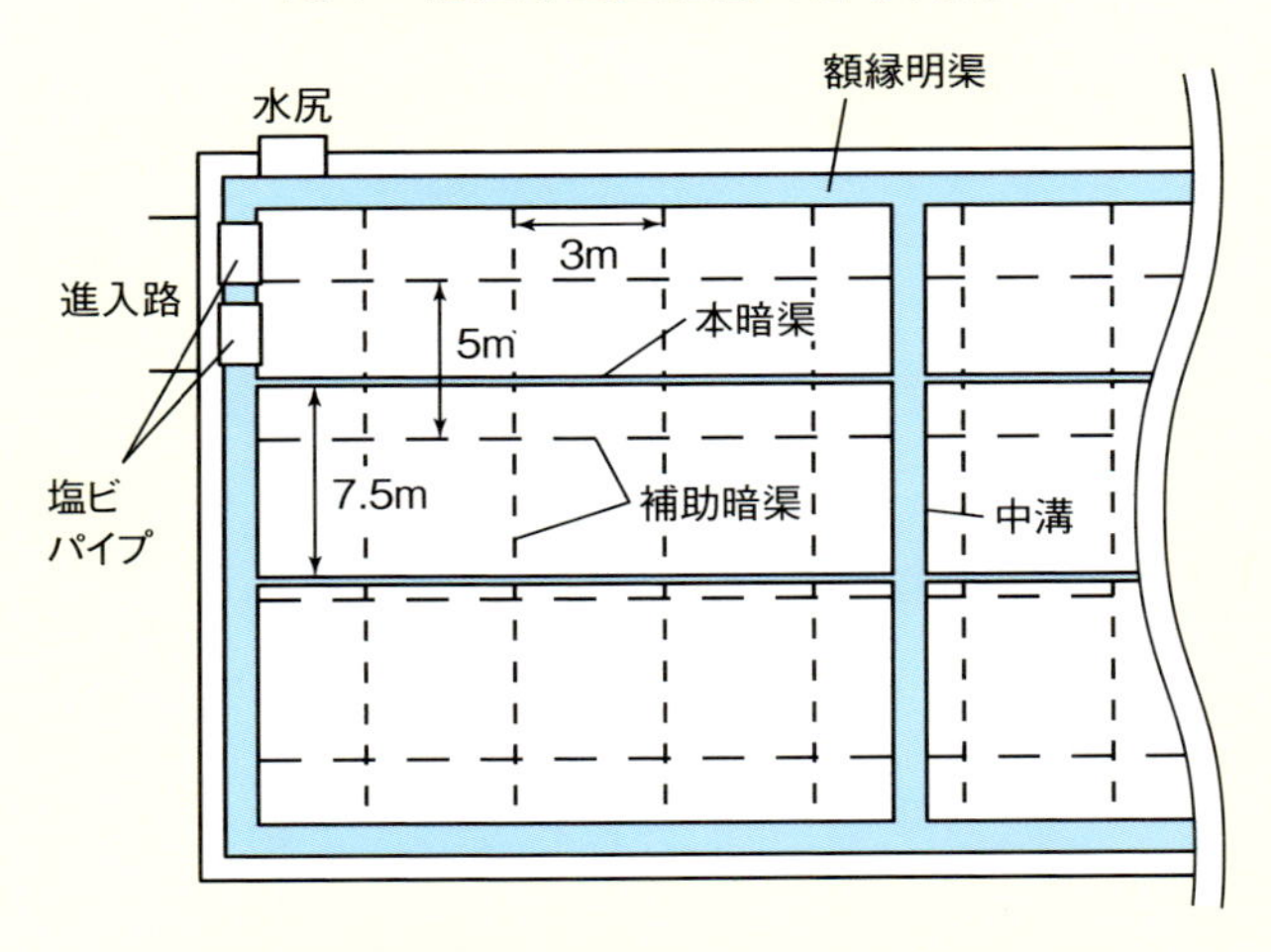

どの圃場にも7.5m間隔、深さ60cmのところに本暗渠が入っている。サブソイラで深さ30～40cmの位置に補助（弾丸）暗渠を設置。アゼ際の額縁と30aごとに、深さ30cmの明渠（中溝）を掘る

トラクタが通っても
溝が潰れないように、塩ビパイプの中でも割れにくいVU管を溝にはめ込む
（倉持正実撮影、以下K）

で、波に乗っている組合である。
「けど、うちには特別な技術はないんですよ」と、杉本さんが謙遜する。
ここは、もともと「オール兼業」の組合だから「篤農家」という人はいない。施肥にもあまりこだわりはない。大麦の肥料は麦用の元肥一発肥料だけで追肥はしない省力化路線。酸性土壌が多いのでpH矯正のために熔リンをまくくらいだ。

その代わり排水対策には力を注ぐ。重粘土のうえに、地下水位も高いので、客土して、本暗渠を入れて……、と、やれる排水対策はいろいろ取り入れてきた。

「大麦っていうのは湿害にならなければとれるんですわ」

年ごとに上がっていく収量の推移（前ページの表）を見せてもらいながら言われると説得力がある。

大麦畑の中溝（K）

以下、南江守生産組合の排水対策の歴史を振り返ってみたい。

効かなくなった本暗渠を補う

排水対策に本気になったのは、本暗渠を入れて5年たった2002年から。その時から、サーッと降るような雨でも滞水するようになった。どうも疎水材のモミガラが腐ったらしい。

縦横にサブソイラがけ

まずは、サブソイラを購入。先端に「弾丸」を取り付け、本暗渠に対して垂直方向に引っ張った。心土破砕しながら補助暗渠（弾丸暗渠）を設置。疎水材がダメになった本暗渠にも水が流れ落ちやすくなる。

現在は、さらに徹底して、本暗渠に対して平行方向にも引っ張るようにしている。

全員で暗渠掃除

2002年には、暗渠を効きやすくするため、播種後の大麦の作付圃場全部で暗渠掃除も始めた（各圃場を3年に1回掃除）。高圧洗浄機のホースを暗渠管に突っ込んで水を流すのだが、逆噴射ノズル（102ページ参照）を使う

後作のダイズにも中溝を利用。出芽時の揃いもばっちり（K）

ので、水の力でホースの先端が自動で前へ進んでくれる。

寒い最中の作業だから大変だが、赤サビや泥が水とともにジャーっと流れてくると、田んぼがよくなっているのが見えるようで、痛快。

これで、地下は完璧のはず。だが、また新たな問題が発生した。

雪解け水対策

2010～2012年には、やっとのことで400kg台まで伸びた反収を276kg、147kg、286kgと3年連続で落としてしまった。

どの年も大雪で、春先の雪解け水による湿害に悩まされた。これまで打ってきた排水対策のおかげか出芽は悪くなかったが、雪解け後には大麦も溶けてしまった。春先では播き直しもできない。

手を尽くしてきたはずの排水対策のどこかが悪かったのだろう。杉本さんには、思い当たるフシがあった。

プラウ耕をやめた

「重機を入れすぎとったんですわ」

重機というのは、120馬力の大型フルクローラ型トラクタのことだ。当時は、これでプラウを引いて、バーチカルハローで砕土して整地するという耕し方。深耕して深層の土に隙間をつくれば、もっと排水がよくなり、さらなる増収に結び付くはずと奮発して買ったのだ。

だが、この耕し方だと車重5tのトラクタが2度も入ることになる。南江守のような粘土質の田んぼでは、かえって土が練り固められ、補助暗渠も押し潰されると考えた杉本さん、翌年からは、50馬力トラクタのロータリ耕に戻した。

中溝掘りを復活

同時期、1筆1～3haの区画を30aずつに割る「中溝掘り」も復活させた（図1）。中溝は防除でトラクタが入るときに邪魔になる。サブソイラを縦横にかけているからもういいだろうとやめていたが、考え直した。

どちらがよかったのかはわからないが、これ以降、大麦の反収はようやく500kgの大台に乗ったのだ。

ダイズも大幅増収！

じつは、増収したのは大麦だけじゃない。大麦の後につくる転作ダイズも、栽培当初の100kgから270kgに向上。目標の300kgまであと一歩のところまで来ている。

ダイズの排水対策は、大麦のときに掘った補助暗渠や明渠を崩さないようにして活かす。さらに、梅雨時期のゲリラ豪雨からダイズを守るために、もうひと手間加える。

それが、播種時の「小ウネ立て播種」。事前に浅く粗く耕起したうえで、爪の配置を換えた正転ロータリで、同時に3つのウネを立てる（図2）。

できるのは高さ15cmほどの小さなウネだが、額縁明渠や中溝を組み合わせると効果抜群。4日間雨が降り続けても、水が溜まるのは排水の悪い田んぼ（119ページの大麦の圃場）の明渠くらい。出芽もピシッと揃う。

「よほどのことがないと、水はここまでは来んね」と、杉本さんが小ウネのウネ間を指さす。まだ根が深く張っていない出芽直後は小さなウネで十分。ある程度ダイズが大きくなったときに出る茎エキ病も、中耕培土1回でウネを10cm高くして抑えられている。

ちなみに明渠やウネは、雨が少ない8月中に1回やるウネ間かん水でも活躍する。かん水を始めてからは、登熟不良で出るしわ粒も明らかに減って等級が上がった。

昨年は、転作に力を入れてきてよかった、ととくに強く思う年だった。福井県の仮渡し金は主力のコシヒカリで1万円だったし、米の直接支払交付金は7500円に半減した。それでも昨年、組合員になんとか配当金を渡せたのは、経営収支の40％以上を占める大麦が順調にとれたからだ。

「ただ、あと2年、この米価が続くとどうなるか」。心配は残るが、誰でもできる排水技術を駆使して、大麦600kgどり、ダイズ300kgどりに燃えている。

播種時には、幅230cmロータリの爪の配列を変えて小ウネ立て播種。高さ15cmほどの小さな山だが、出芽をよくするにはこれで十分。中耕培土後はウネの高さが25cmほどに。8月中にはウネ間かん水を1回する（K）

図2　小ウネ立て播種のやり方

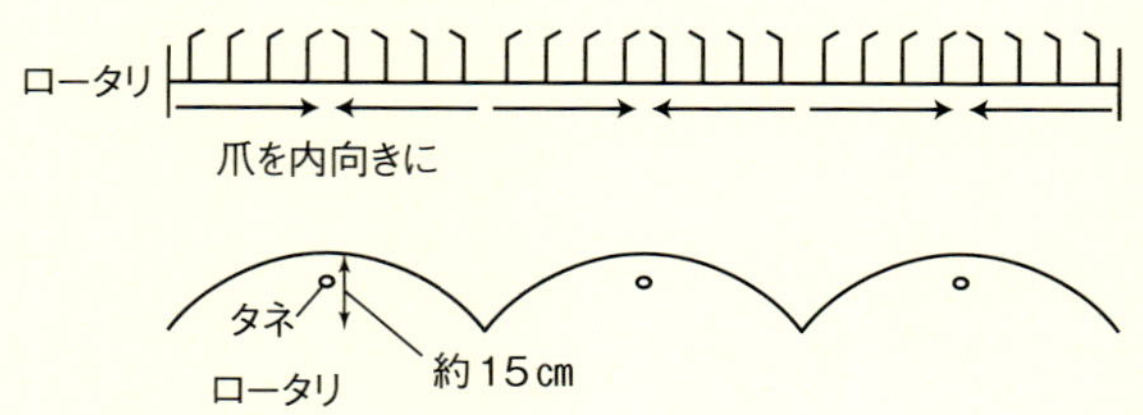

230cm幅の正転ロータリの爪の配置を換え、
高さ15cmの小さなウネを立てる

第4章
「大地の再生」で空気と水を通す

「大地の再生」とは？

●編集部

溝と点穴（てんあな）で空気と水の流れがよくなる

造園技師の矢野智徳さんによる『大地の再生』は、空気と水の目詰まりを解消し、植物を元気にする環境改善手法。この技術にヒントを得て、田畑で応用して手応えを感じている農家も多い。その鍵となるのが「溝」と「点穴」。明渠と穴を掘ることで、田畑の目詰まりが格段に改善するのだ。

茶園での例。園地の周囲に溝を掘り、その中に5m間隔で点穴を掘った。点穴には、土留めと空間確保のために竹や木の枝などを入れる。同じ理由で、溝にも有機物を敷くとよい
（写真提供：酒井賢治）

溝の底に点穴を掘ると、底から水が縦浸透するだけでなく、点穴の中の空気と水の動きにより、表面排水の流れがよりスムーズになる

断面図

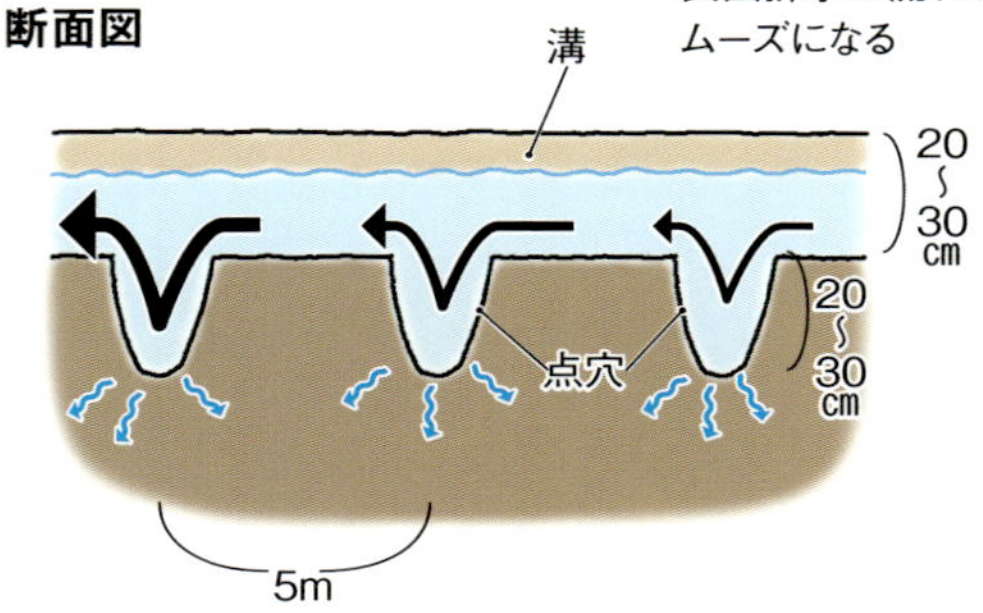

ヤブ化した耕作放棄地での実践例

これは、耕作放棄地を雑穀畑に蘇らせる実践例。「周囲は高木・中木、低木、下草のバランスを保ち、畑が自然に傾斜しているのも空気と水が通るよい環境」だが、南側のU字溝がドブ化し、並行する道も空気と水の通りが滞って畑に影響しているとの診断。そこで、「草刈りで畑周辺に風を通す」「畑の外縁の改善による土壌の通気・通水」「U字溝と道の改善」を実施した。

半年後の姿。根ごとすき込んだササ、ススキ、竹が分解された畑。手前が昨年の講座で作った溝（大浦佳代撮影。記載のないものすべて）

2015年11月の状態。10年以上耕作放棄され、ススキやササが生える。雑木林からは竹が侵入
（写真提供：中村武弘）

草刈り

風の草刈りの「ほどよい草丈」の例（矢印部分）。右側は刈る前の高さ

つる性の植物は自分自身に巻きつけると、大人しくなる（写真はカナムグラ）

「大地の再生」の詳しい実践方法については、矢野智徳・大内正伸著、大地の再生技術研究所編『「大地の再生」実践マニュアル―空気と水の浸透循環を回復する』（農文協）をご覧ください。

おもな改善ポイント

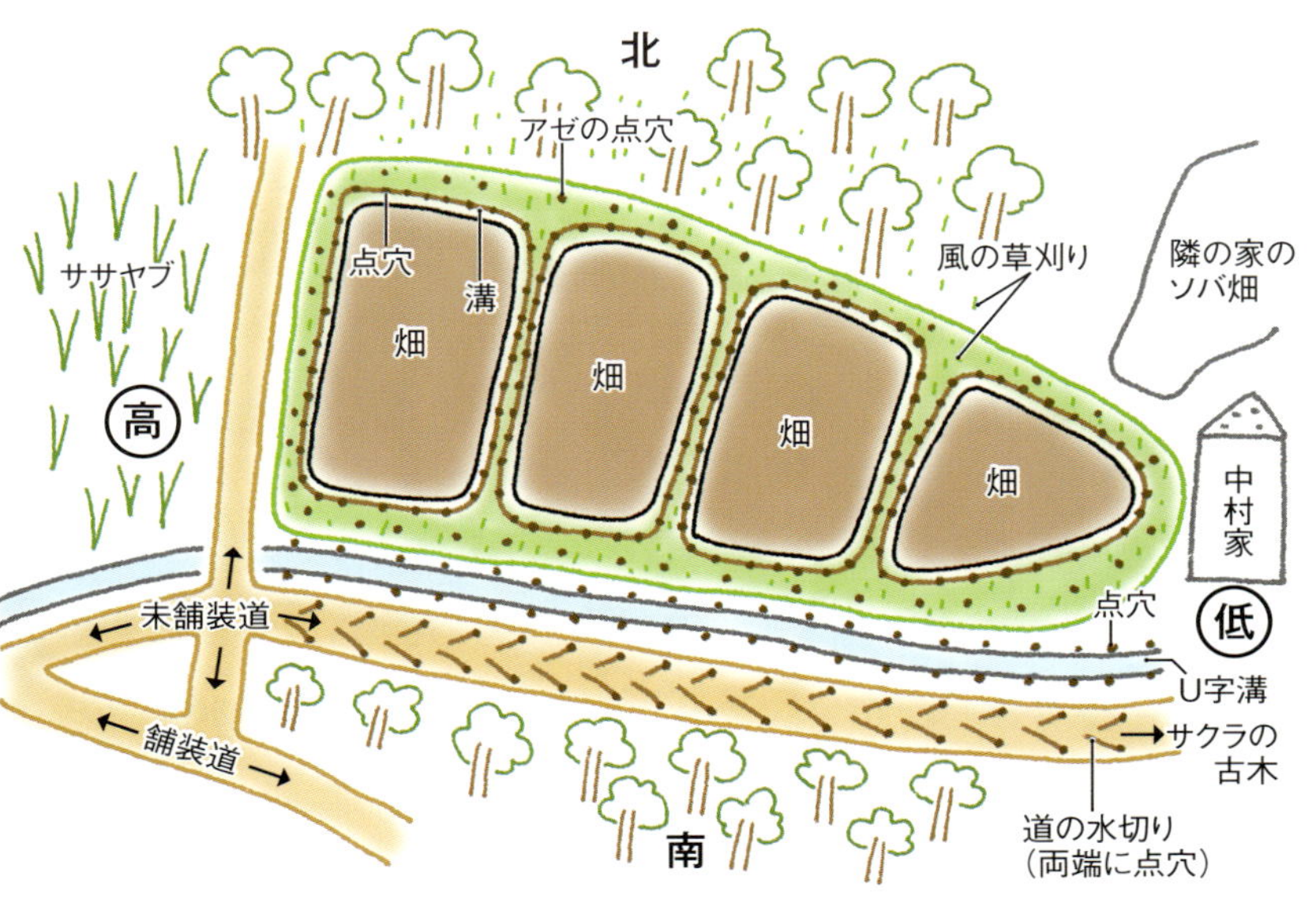

U字溝の手入れ

U字溝。堆積した落ち葉やヘドロを取り除いて、溝の両側と法面に点穴を作る。時間節約のためにバックホー（油圧ブレーカを装着）も使用した

道の水切り

ぬかるむ道の水切り。「人」字形に浅く溝を切り、その両端に点穴をつける

コルゲート管を使った点穴

穴にコルゲート管を立て、周りにパスタの束を鍋に広げるような感じで、小枝を差し込む（葉のついた生木でもよい）

枝のすき間に炭と小石を詰めて埋め戻し、地面から出た枝やコルゲート管を切る

踏み固めて、落ち葉などでグラウンドカバー。高いところからぱらぱらと

ちっとも乾かない山の田んぼが「大地の再生」で大変身

岐阜県瑞浪市●工藤信昭

造園技師の矢野智徳さんがすすめる「大地の再生」は、溝と点穴（てんあな）（小さい穴）を掘ることで、空気と水の流れを改善する手法。

今回は、ぬかるみのひどい水田で驚くほどの効果が上がったという工藤信昭さんの実践を、本人と指導にあたった酒井賢治さんに紹介してもらった。

秀明自然農法の米の力

山間地の水田2町を耕作しています。以前は、農業は趣味程度でした。しかし、ある時、知り合いがガンを患い、手術で腎臓を摘出しました。術後の体調が悪く、顔色もすぐれなかったのですが、肥料も農薬も使わない秀明自然農法で育てた米を食べたら、顔色がよくなり体調が回復しました。このできごとに驚きと感動を覚え、私も秀明自然農法でおいしくてすばらしい米をつくりたいと思うようになりました。

そこで、人づてに山間部の水田を借り、兼業で米づくりを開始。苦労の連続ではありましたが、その後次々と土地を借りて耕作面積を増やすことができました。育てた米は、地域の方や提携の会員に届けています。そのおいしさに皆さん喜んでくれています。

農機が使えない水田に四苦八苦

山間部の水田は、山からの水を利用できる反面、水はけの悪いところが多い。山側から水が浸み込んでくるので、水を抜いても土がぜんぜん乾かず、耕起の際のトラクタや収穫時のコンバインがすぐはまってしまいます。イネの生育もよくありません。

なかでもとくに苦労している水田があります。少しでも浸みる水を抜こうと山側に溝を掘っていますが、それでも排水が悪く、収穫作業は提携の会員に手伝ってもらい、手刈りするのが当たり前になっていました。

そんななか、昨年2月に、仲間と田畑の環境改善について勉強会を開きました。そこで、実際に取り組んだのが

ビックリです！

筆者（右から2番目）と提携会員の方々。左から2番目は秀明自然農法ネットワークの酒井賢治さん（鳥居秀行撮影、以下Tも）

「大地の再生」でした。NPO法人秀明自然農法ネットワークの酒井賢治さんを中心に、参加者みんなで溝を掘り直し、溝の中に点穴をたくさん掘りました。その時は、実際やってはみたものの、これだけのことで排水改善の効果があるだろうかと半信半疑でした。

中干しやめても田んぼが乾いた

　その後、春に田植えを行ない、栽培中の水管理は教わったとおり、中干しせずに出穂時期から水を落としました。

　すると、今までなら、収穫時期を迎えても水田はぬかるんだままでしたが、その年は十分に土が乾き、なかを普通に歩けるほど土が固まりました。収穫直前に雨が続いたのですが、水がすぐに抜け、コンバインで問題なく収穫できました。毎年収穫の手伝いにきてくれる会員も手刈りしなくてすんで大喜び。収量も昨年より増えて本当に驚きました。

　今年の春に耕す時も、今までならぬかるみがずっと残る場所でさえ、土がよく締まり、一度もトラクタがはまることなく作業できました。

仲間も成功

　私と同じように排水が悪い水田で困っている仲間がいたので、今年は一緒に「大地の再生」による改善を実施したら、やはり水はけがすぐによくなったと喜ばれました。自分が学んだことがほかでも生かせると自信につながります。嬉しいですし、この改善方法を知ったことをありがたく感じます。

　さらに驚いたことに、私の水田を調査したら絶滅危惧種の植物が生えていることがわかりました。安全な食べ物をつくろうと、肥料、農薬、除草剤は一切使用しなかったので、昔から変わらずに育ち続けていたようです。絶滅危惧種とわかったことで、このすばらしい環境や水田を守っていく使命感が湧いてきました。

溝と点穴で水の流れを生み出した工藤さんのやり方について

特定非営利活動法人　秀明自然農法ネットワーク●酒井賢治

土の力を生かせない大地

　現在、秀明自然農法の生産者で畑や水田、果樹園の排水に困っている方に向け、「大地の再生」を用いた環境改善支援を行なっています。この手法は、造園技師で杜（もり）の学校代表でもある矢野智徳さんから6年前に学びました。

　秀明自然農法は農薬や化学肥料不使用、米ヌカや家畜糞などの有機資材も使わない土の力を生かす農法です。しかし現代は通気・排水が悪化し、大地が呼吸しにくい圃場が多く、そうした環境では土の力を引き出すことが難しい。そうした圃場の水や空気の流れをよくしてやる

「大地の再生」によって溝や点穴を追加した水田（T）

のが「大地の再生」です。

手作業でできる排水改善

工藤さんは水田で「大地の再生」に取り組みました。水田とは水が溜まりやすい地形を利用したもので、とくに山間地の水田は、隣接する山から水が流れ込んでぬかるみやすい。改善には水と空気の流れを両方よくすることが必要です。

一般的には、水田の排水改善というと、重機を使った暗渠排水の施工などがよくみられます。しかし、工藤さんの場合は手作業でできる方法で改善に取り組みました。

▼溝と点穴で「川の淵（ふち）」

まず、水田の山際に溝を掘りました。排水のための明渠です。しかし、溝に泥が溜まるとスムーズに排水されません。溝を深くすることで泥が溜まるのを防ごうと、スコップで約20cmの深さになるまで掘りました。

次に、溝の中にさらに点穴を5m間隔で掘りました。点穴は溝の底からさらに30cm深く掘りました。点穴は川の淵をイメージした方法です。川の淵のように深みのある点穴をあえて作ることで、深い場所の空気と水が動いて、溝全体の水の流れがスムーズになる効果があります。

▼溝を2つ新設、大穴も開けた

さらに、この水田は、水口に水が湧く場所があり、とくにぬかるみがひどくなっていました。そこで、額縁明渠の内側に小さな溝を2本掘り足しました。この2つの溝によって、山から流れ込む水と水田の水を明渠に誘導します。

水口近くには直径50cm、深さ50cmほどの大きな穴を2つ開けました。この大穴によって、水路の溝がスムーズに流れ、より効率的に排水されていく仕組みです。

こうした対策によって工藤さんの水田は排水が大きく改善。また、溝には田んぼから排水している間も常に水がある状態なので、ビオトープの役目も果たします。溝の水を利用して、多くの水中生物や水中植物が長期間生育します。工藤さんの水田は農薬も使わないため、水田や溝のあちこちで絶滅危惧種のホッスモやスブタといった水草が群生していました。

泥のかき出しでメンテナンス

水が流れるとどうしても粒子の細かい泥が一緒に動きます。溝や点穴に泥が溜まると水と空気の流れが悪くなってしまうので、泥のかき出しは効果を持続する

図１　全体の施工の様子

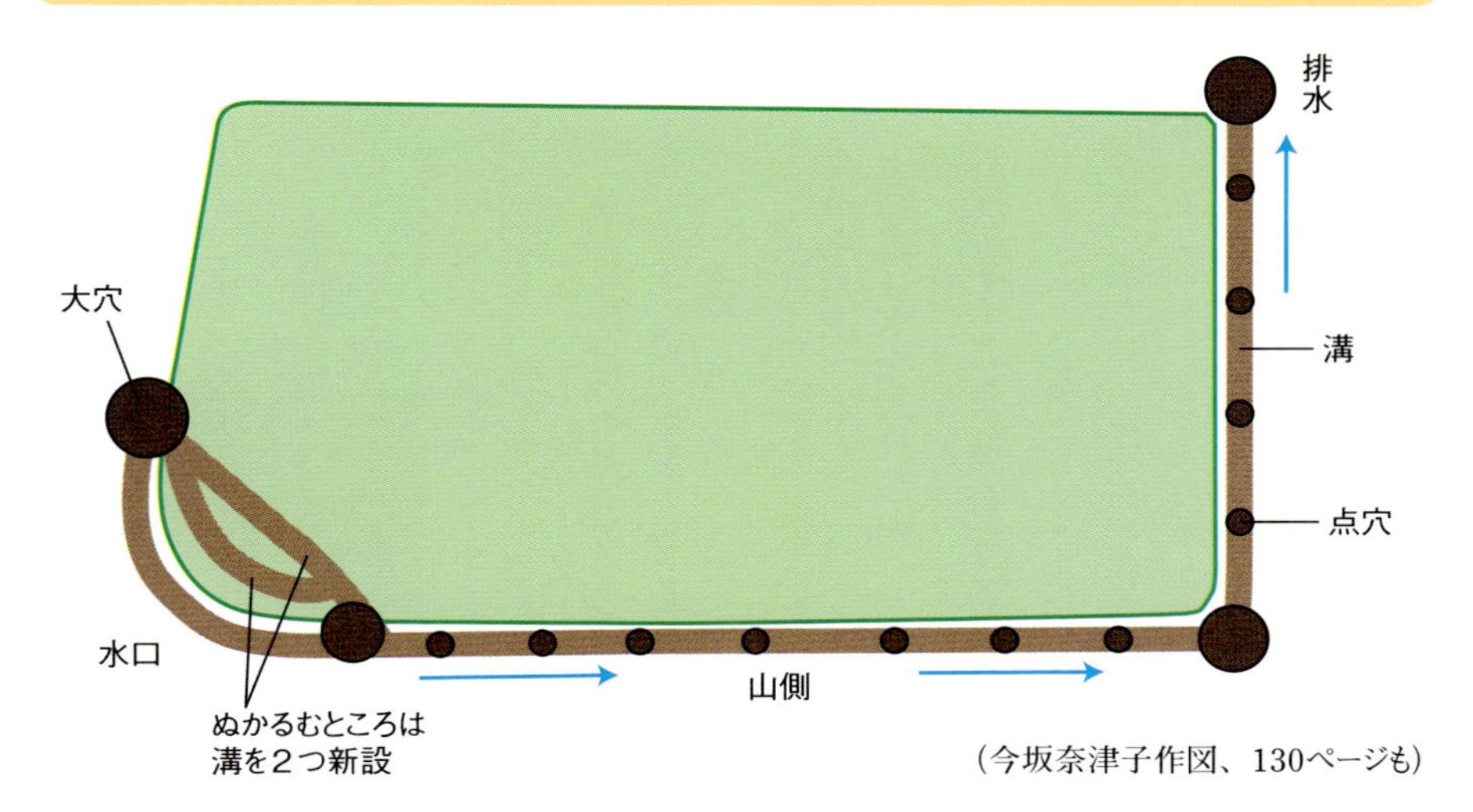

（今坂奈津子作図、130ページも）

溝と穴掘りはすべて人力作業。大規模な工事を必要としない点も「大地の再生」のメリットの1つ（T）

2つの大穴と溝の追加で、水と空気の流れが生まれる（T）

ための重要なポイントです。とくに点穴は泥が溜まりやすい。イネの収穫後に必ずかき出します。溝も泥が溜まったら、その都度かき出します。

　一般的に行なわれている暗渠や明渠の施工も、大地の再生も、水を溜めずに流すという目的は一緒です。ただ大地の再生は矢野さんが長年の経験から工夫をされ、自然界の要素を取り込んだ点が特徴です。

　暗渠施工では、地下に作った水路が数年で詰まってしまう場合があります。プラスチック素材の管の穴が詰まるのを防ぐため、砕石やモミガラなどを充填しますが、それでも細かい泥が詰まってしまうからです。

「大地の再生」では、溝を掘ったところに、木の枝や落ち葉などの有機物を詰めて空間を作る方法もとられています。植物の根が本来行なっている働きをヒント

図2　溝で水を誘導

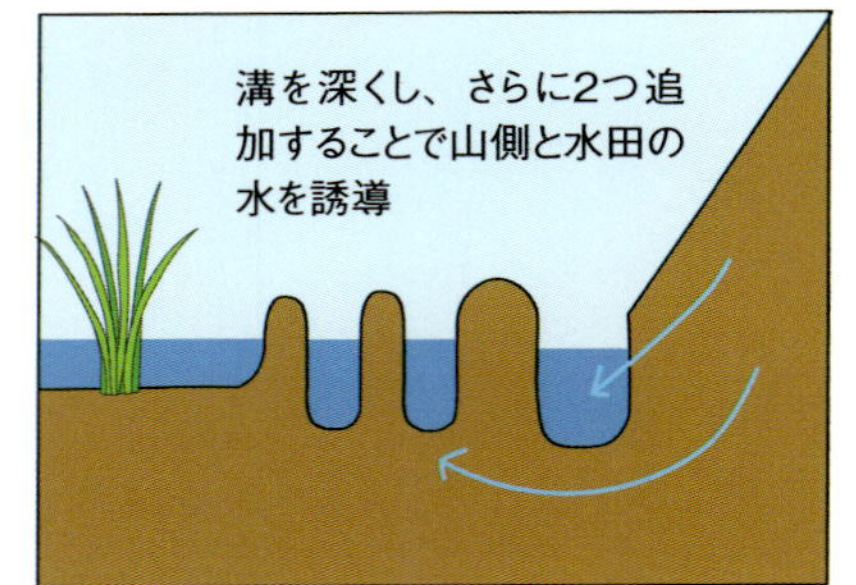

に、水と空気の流れをスムーズにするのが狙いです。掘った溝を長く維持することができます。

中干しなし、出穂後は水を入れない

工藤さんはイネを育てる際の水管理も変えました。工藤さんの水田のように排水が悪い場合は、中干しを行なわず、出穂時期から水を落とし、後は土が乾くように管理するのがポイントです。ときどき降る雨で土が湿れば大丈夫。気になるようなら、たまに掛け流ししてもいいですが、水は溜めません。収穫前に歩ける状態になることを目指して、土を締めるように管理します。

秀明自然農法では肥料を投入しないので、土中が強還元状態になりにくく、イネもゆっくり育つので過剰分げつにもなりにくい。そのため、中干しはとくに必要ありません。

また、出穂40日前まではイネは水を必要としますが、出穂後は土が湿っている程度で十分。逆に、いつまでも水があるとイネは体づくりを続け、分げつが増え続けるため、遅れ穂が出てモミが充実せず、青米が多くなってしまいます。出穂時期から水を落とせば、イネは生殖生長に重きをおき、穂が充実して青米が少なくなります。排水が悪い水田では、生育後半に土を乾かすためにも、溝や点穴による水の動きの改善が不可欠です。

中干しをしない水管理の工夫も合わせることで、イネの生育もガラリ。青米が減って収量もアップした

溝と穴を掘るだけ

「大地の再生」で茶園が再生

愛知県豊田市●山下友子

無肥料無農薬で茶栽培

私は愛知県豊田市で８ａの茶畑を知人から借り、安全なお茶をつくりたいと秀明自然農法に取り組み、煎茶、抹茶、ほうじ茶に加工して販売しています。「お茶は無肥料無農薬では絶対できない」とお茶屋さんからいわれましたが、２００１年に慣行農法より切り替えて、翌年、抹茶が少量できました。しかし、２００３年にチャドクガ（刺す毛虫）が発生。お茶屋さんに「チャドクガのついた茶葉を加工するなんて、とんでもない」といわれ、すべて処分しました。

その後、２００４年から２０１４年までは順調でしたが、２０１５年から再びチャドクガが葉につくようになり、幼虫を取りながら収穫するようになりました。その前年にカイガラムシやミノムシが発生していたため、お茶の樹を50㎝低く刈り落としました。かなり深く切ったので、樹を弱らせてしまったのかと思ったりもしました。

チャドクガとの戦いの日々

それからが大変でした。お茶のことを何も知らない私がいろいろ調べたり、たくさんの人に聞いたり、日々どうしたらいいだろうと悩み、何の解決策もないまま２０１６年になりました。４月の煎茶用の刈り取りも、５月の抹茶用の刈り取りも、チャドクガを取り除きながらの作業でした。この頃からヒマさえあればチャドクガを取りに行く日々が始まりました。

６月になると、チャドクガにものすごい勢いで葉っぱを食べられてしまいました。畑が汚いからいけないのかと思い、刈り落とした葉や抜いた草、ゴミなどを拾い、掃除をしました。業務用の掃除機でチャドクガを吸い取ったこともあります。それでも数は減りません。茶畑は町の中にあり、四面が道路に囲まれていて車も人も通ります。通学路になっているので、子供たちに被害があってはいけないと思いました。

７月に入っても戦いの日々。チャドクガは暑い日中は下のほうの涼しい場所に隠れていて、夕方になると上がっ

筆者。もともと農家でなかったが、18年ほど前に一から茶栽培を始めた（編集部撮影）

てきて葉っぱを食べます。向こうも生きていくのに必死で、賢いなあと思いました。

そのうち、チャドクガはどんどん大きくなり、威嚇してくるので、近寄れなくなりました。最後はこれしかないと決意し、「ごめんね。仕方ないの。ごめんなさい」といいながらバーナーで焼きました。成虫になると卵を産み、来年また大変なことになってしまうという思いと、人に迷惑をかけてはいけないという思いがあったからです。

大地が呼吸できるように、環境改善工事

どうしたらよいのかわからなくなり、悩んで悩んで、このままお茶の栽

チャドクガに葉を食べられ、枝ばかりになってしまったので、知人に集まってもらい、「大地の再生」の環境改善工事をした（酒井賢治撮影）

茶葉にびっしりとたかるチャドクガの幼虫。毒針毛に触れると、皮膚がかぶれる（鳥居秀行撮影）

点穴には太い枝と細い枝を放射状に入れる（編集部撮影、以下すべて）

茶園は住宅地にあり、道路に囲まれている。矢印の位置に排水桝がある

環境改善工事の概要

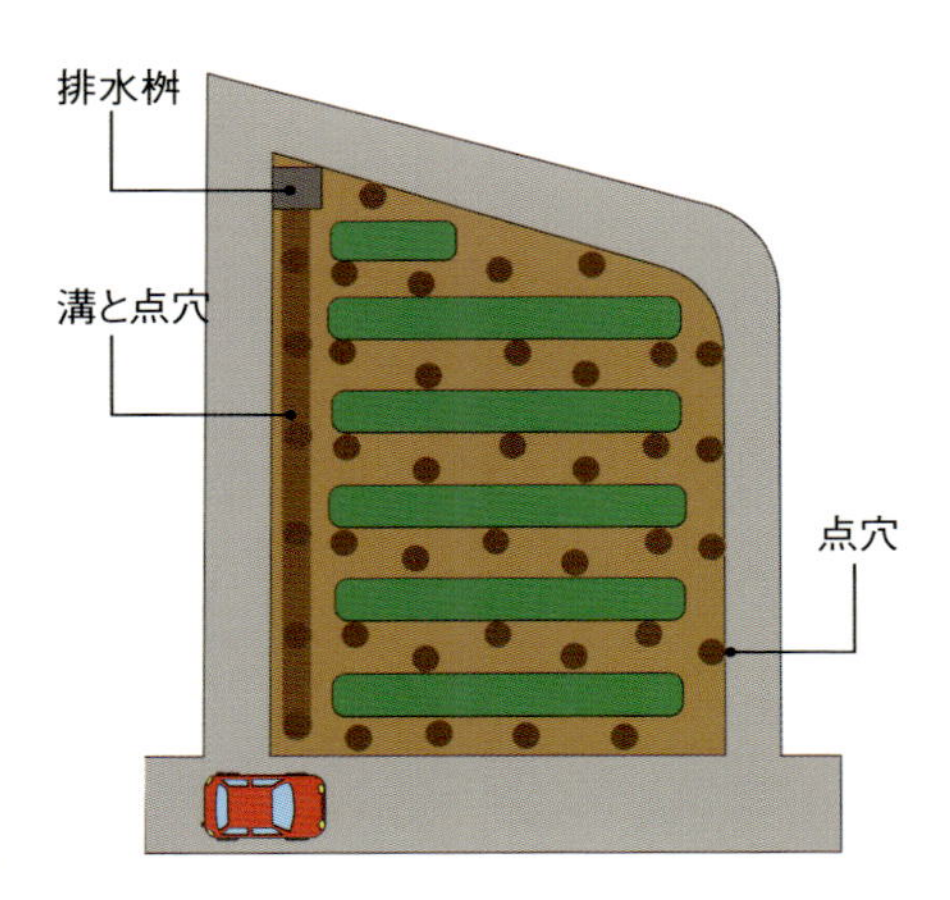

スコップで深さ約20cmの溝を掘り、底に5m間隔で深さ約20cmの点穴を掘る。それ以外の場所はスコップか穴掘り機で深さ約40cmの点穴を掘る（今坂奈津子作図）

培を続けるのは、もうムリなのかと思いました。２０１７年には、茶畑は葉っぱもなくなり、枝がむき出しの状態でした。

その年の3月に秀明自然農法ネットワークの酒井賢治さんに環境改善工事をすすめられ、祈る思いでさっそくお願いしました。すぐに「やってみましょう」となり、3月25日、知人たちも茶畑に来てくれて、1回目の工事をしました。

最初に排水溝が詰まっていることに気づき、空気や水の流れが止まっていることを教えてもらい、畑の周りにスコップで溝を掘って枝などを入れ、さらにお茶の樹のそばに点穴を掘っていきました。「大地が呼吸できる」ようにしたのです。

すごい！　茶樹が蘇った

それから1カ月ほどして茶畑に入ってみました。すると、足の裏の感触で土がとても軟らかくなっていることがわかり、本当にビックリ。思わず「えー！　どうして！」と声をあげてしまいました。草も手でスッと抜けるんです。たった1カ月でこんなに土が変わるのかと驚き、感謝いっぱいになりました。

しかし、相変わらずお茶の樹は茶色一色です。本当なら青々としている時期なので諦めるところですが、土が軟らかくなったのだから、ひょっとした

溝にも枯れ枝や竹を敷く。これで土が乾燥せず、水と空気が流れやすくなる

環境改善工事をしたら、新芽が立ち上がり、輝くようになった

茶園の通路にはカヤを敷いているが、雑草が勢いよく出てくる。以前は土が硬く締まって草取りが大変だったが、今は手でスッと抜ける

ら樹が蘇るかもしれない、せめて抹茶だけでもと一縷の望みを託し、遮光布をかけて様子を見ることにしました。すると、20日で青々とした新芽でいっぱいになりました。「すごい！」の一言です。こんなに変わるなんてと感激してしまいました。1枚1枚の葉が輝いて見えました。

正直なところ、もうこんなに苦しいことはやめたいと思っていただけに、本当に本当に、うれしくてうれしくて、その光景を忘れることができません。半分を抹茶に、半分をほうじ茶に加工して、多くの方に飲んでいただけました。

諦めなくてよかった

私はお茶をつくり始めた頃、甲状腺機能障害という病気になり、合併症を起こしていました。体が思うように動かないのに、茶畑に行くと元気をもらい、芽出しの時期は毎日お茶の樹に声をかけていました。雨の日も風の日も必ずです。そうすると病気を一瞬でも忘れることができ、気がついたら治っていました。体にやさしい元気になるお茶をつくって、ぜひ多くの人に飲んでもらいたいという思いがありました。

２０１７年に見事に再生したお茶は、お茶屋さんに「きれいだね」と褒めていただき、飲んだ方にも「やさしい味だね」といっていただきました。

翌年から環境改善のメンテナンス（溝や点穴の掘り直し）を3年間続けています。たくさんの方々の協力で茶畑が改善し、今では樹が青々として、安定的に収穫できています。チャドクガやミノムシはゼロとはいえませんが激減しました。お茶栽培を諦めなくてよかったと心から思っています。大地の呼吸の大切さを、環境改善工事を通して実感しました。

「大地の再生」で茶園が元気になったワケ

特定非営利活動法人　秀明自然農法ネットワーク●酒井賢治

自然農法こそ環境改善

山下友子さんの圃場の問題を聞くと、大地が呼吸できていないため、茶の樹が弱り、害虫被害にあっているのではないかと思いました。さっそく茶畑をサポートしてくれる人たちとともに、環境改善工事に取り組みました。

水と空気の通り道を作る

茶畑というと、山の豊かな環境を想像しますが、山下さんの圃場は住宅地の中にあり、四方を道で囲われ、土壌が詰まっているようでした。圃場は傾斜していますが、端にある排水桝のフタを開けると、泥が溜まっていて排水ができていませんでした。

まずは排水桝の泥を出し、桝に向かって水が流れるように圃場の際に溝を掘りました。本当は圃場の四方全部に掘りたかったのですが、隣接する民家と道の関係上、迷惑がかからない場所だけにしました。作業手順はスコップで深さ約20㎝の溝を掘り、その溝の底に約５ｍ間隔で深さ約20㎝の点穴を掘っていきます。点穴には放射状に枯れ枝を入れ、溝にも枝や竹を入れ、空間を確保しますが、入れすぎないのがポイントです。枝の上には草を薄くふりかけます。点穴と溝に枝や草などを入れるのは、有機物により乾燥を防ぐためです。土が湿っているほうが土中の水と空気が流れやすくなります。

溝を掘れなかった外周や茶畑の通路には深さ約40㎝の点穴を掘り、枝を放射状に入れました。さらに乾燥と土が固まるのを防止するために通路にはカヤを敷きました。

溝と点穴を掘ると、水と空気がよく流れ、微生物が活発になり、茶樹が元気に育つ（今坂奈津子作図）

空隙ができて土が軟らかくなる

畑は排水性が大事で、水とともに空気、とくに酸素が動きます。植物は根と菌根菌など多くの微生物との共生関係で生育しています。その際、微生物が働くために酸素が必要なのです。大地が詰まり、水と空気の流れが悪くなると、極端な酸素不足となり、嫌気性菌しか生きられなくなります。そのような環境は植物にはよくありません。

溝や点穴を掘ることで水は低いところに移動します。そのとき土壌を締めている細かい粒子も動き出し、土の中に空隙ができ、理想の団粒構造に近づきます。溝が掘れなくても点穴を多く掘れば、点と点がつながって線になり、そして面になります。すると、空隙ができて土が軟らかくなり、水と空気が流れ、植物が元気になるのです。結果として、作物が病害虫に負けず、健全に育ちます。

メンテナンスが重要

環境改善工事は１回実施して終わりではなく、メンテナンスが重要で、それにより効果が持続します。溝や点穴の底には泥が溜まって水と空気の通りが悪くなるので、掘り直すのです。その後、１回目の工事と同じように、枝や竹を入れて空間を作ります。山下さんの茶畑では１年に１回、冬場にメンテナンスをしていて、今年で３回目となります。水と空気が流れて、土が軟らかくなったので、溝も点穴も掘りやすくなりました。

コンクリートやアスファルトなどの人工構造物は人間の生活に便利な反面、そのせいで大地が呼吸しにくい環境が広がっています。環境改善工事は、矢野さんが自然から学び、経験に基づいて生み出した手法ですが、それを畑で実践するとさまざまな効果が表われます。土地により条件は千差万別ですが、自然と向き合いながら問題を解決する醍醐味があります。誰でもできる手法なので、皆さんも取り組んでみてはいかがでしょうか？

10haの畑で「大地の再生」

ダイズの収量アップ

北海道せたな町●富樫一仁

慣行栽培で疲弊した農地

北海道せたな町で「自然順応・自然尊重」を理念とする秀明自然農法を実施し始めたのが2004年。前任者が慣行栽培していた10haの圃場では、土が痩せ、過度な耕耘と大型農機の踏圧によってできた硬い耕盤層が問題となっていました。

そこで、サブソイラで心土破砕してみたり、ギシギシが旺盛に生えてくるので、その根が張った所にダイズを播いて育ててみたり、さまざま工夫して土壌改良に励みましたが、劇的な改善効果は得られませんでした。

農地が「呼吸不全」の状況だった

そんななか、造園技士である矢野智徳氏がすすめている「大地の再生」という手法を知りました。溝と点穴（小さな縦穴）を掘ることで、水と空気の流れを改善する手法です。

そもそも、秀明自然農法は自然に学び、その力を活かす農法です。しかし、矢野氏によると、現在は、作業性の重視から本来の地形を破壊して整備された農地が多く、大型農機の使用で耕盤層もでき、排水性が悪い。さらにコンクリートを使用した基盤整備や側溝の施工で、大地が「呼吸不全」に陥り、土中環境は著しく劣化。「自然農法」とはいえ、自然の力を活かせないまま栽培している状況とのことでした。

圃場にできた「目詰まり」を除く

そこで、2016年8月に、地域のオーガニック生産者ら二十数人が集まり、ダイズとソバの合計10haの私の圃場で、「大地の再生」による環境整備工事を実施しました。

施工作業に先駆け、まず地形図を使って、町全体の水系を自然と人の暮らし（圃場周りの町）との関わりからつかみ、現地を歩いて実際に確認するところから始めました。圃場の地形や近くの渓流とのつながり、圃場に関わる風の流れなど自然環境の動きを全体的に捉えることで改善のヒントを探りました。

自然界では、地形の傾斜にしたがって川が流れ、地下部でも地下水が流れ

ブレーカーを付けたバックホー、スコップや鍬を使ってダイズ畑に溝と点穴を掘る。直径90㎝、深さ60㎝の大穴から小さな穴までさまざま。掘り方は土の硬さや水分状態に合わせて調整する

実際の施工内容

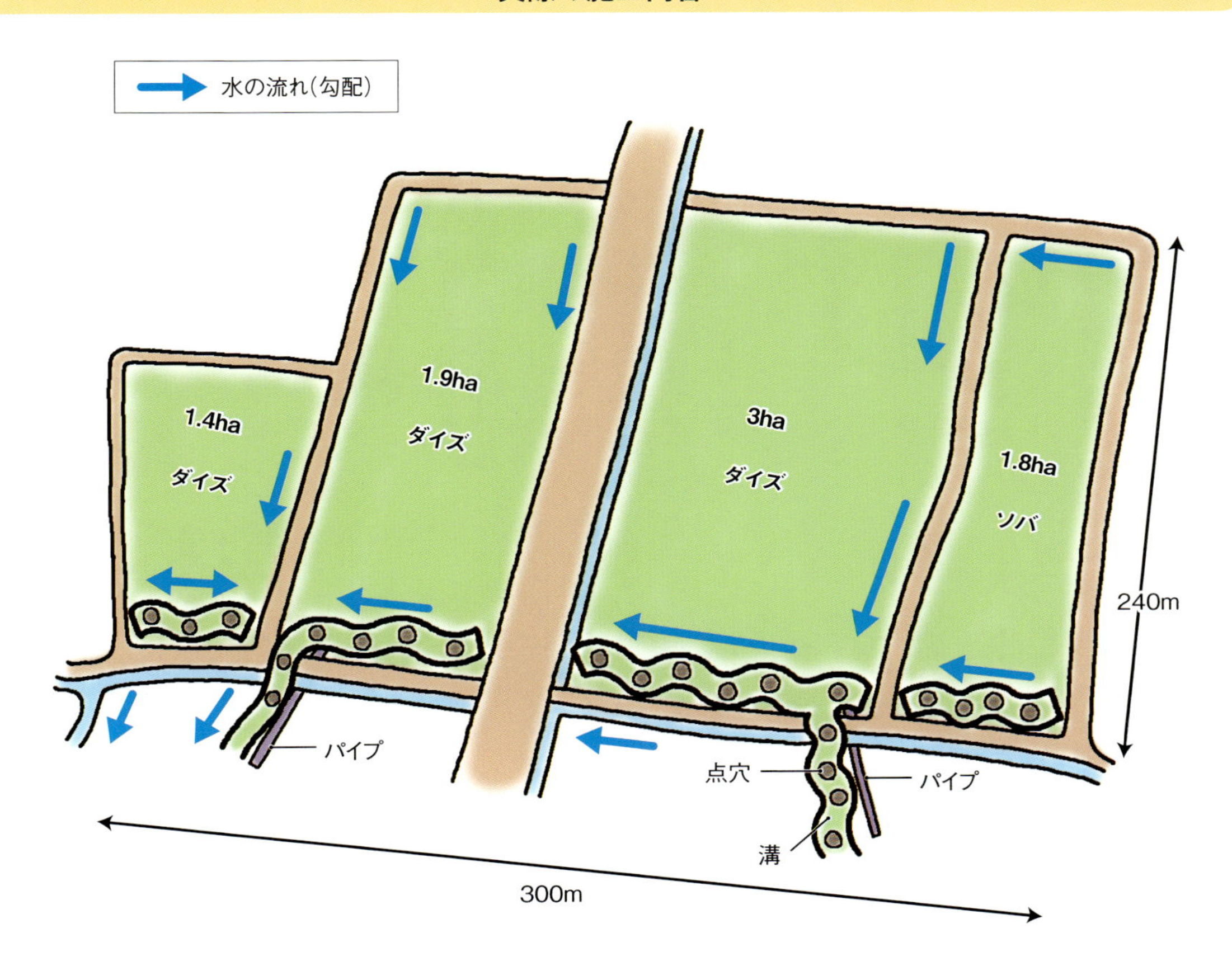

ています。水の循環は、地形の落差などにより大気圧が空気を動かし、それに呼応するように水が動くことで起こります。そうした捉え方で私の圃場を見てみると、傾斜があり、とくに圃場の一番低いほうが農機の踏圧などによって硬くしまって、「大地の目詰まり」が発生する傾向があるとわかりました。

側溝と点穴を集中的に施工

目詰まりのある圃場は土がガチガチ

排水性だけでなく、ダイズの生育まで向上し、大地の再生に確かな手応えを得る

に硬く、作物の生育も悪い。その対策として、集中的に目詰まりを起こしている部分に、素掘りの側溝と点穴（縦穴）を掘ることにしました。

矢野氏の実演指導のもと、バックホーを使って圃場に側溝を掘りました。側溝は川の流れのように蛇行させて掘り、その蛇行部にスコップを使って点穴を掘っていきました。また、圃場周りの雑草や木々の枝なども刈り取り、心地よい風の道も作りました。参加者がまるで自然の一部になった気持ちで作業していきました。

とくに目詰まりしそうなポイントには暗渠パイプも入れ、効果を長持ちさせるため、周りに樹の枝などを詰めました。約１日半かけて作業は終了しました。

台風直撃でもダイズが増収

奇しくも作業翌日に台風が襲来、集中豪雨となりました。しかし、そんな状況にもかかわらず、大地の再生を施した圃場からはあっという間に水が引いていきました。その光景を目の当たりにし、排水性が格段に向上したことを実感しました。

その後のダイズの生育も順調で、葉のツヤがよくなり、色も青々とし、連作10年目でしたが障害もなく、虫の害も出ず、品質と収量ともに向上しました。施工前には反収60kg以下の畑もありましたが、その後は年々、収量が増えていき、反収１２０kgを超える畑も出てきました。

雪に掘った縦穴の効果にビックリ

雪に掘った縦穴で大気の流れを実感

点穴がもたらす効果が不思議に思えたので、冬に雪が１ｍほど積もった場所に１ｍ間隔で縦穴を掘り、点穴効果の実験もしました。点穴をのぞくと底から崩れるように雪が解け、しだいに点穴と点穴同士がつながり、トンネル状態になりました。点穴から大気の流れが生まれていくのだと認識できました。

そこでハウスで育てているトマトの圃場でも通路に点穴を掘りました。トマトの根の張りがよくなり、毎年出ていた葉かび病、モザイク病がほとんど出なくなり、食味も収量も上がりました。

私なりに「大地の再生」を整理すると次のようになります。

まず、目詰まり部分で滞る空気の流れが溝と点穴で解消。さらにそれぞれの点穴からの流れは地下部でつながり、立体的な空気の流れが生まれ、圃場全体の空気と水が流れ始めます。例えるなら、二つの口がついたポリタンクに入った灯油を一方の口から排出するとき、反対側にある口を開けることで、気圧の働きによって勢いよく排出される様子と似ています。

そもそも、自然界では大地に張り巡らされた川や小川が、空気と水を運び、永遠に循環する環境がつくられてきました。そんな自然を手本とすることで健全な環境と豊かな恵みがもたらされ、自然と人との共存共栄が始まる。農業の大革命ではないでしょうか。

「大地の再生」の不思議に迫る

縦穴で劇的に排水改善するのはなぜ？

新潟大学農学部●粟生田忠雄

「縦穴掘り」は新しい技術ではない

新潟大学で農業土木を研究しています。これまでのおもな研究課題は、農地の地下にある暗渠（配水パイプ）を有効活用した農産物の生育制御です。最近は、排水不良水田における地下かんがいなどをテーマに研究しています。

近年、農薬・化学肥料の過剰施肥などのために農地の地面が硬くなっているようです。ミミズなどの土壌動物が減少し、土壌団粒が減ってきたことが原因の一つです。土が硬くなり、地表面と地下との連続性が低下すると、土壌中の水、空気、温度、ガスなどの動きが滞り、植物や土壌生物の生息にマイナスとなります。「縦穴」は、こうした土壌中の停滞を解消するきっかけを作っています。

「縦穴掘り」は決して新しい技術ではありません。樹木医さんは、樹勢回復のための土壌改良と発根促進法として縦穴を施してきました。『樹木学事典』（講談社）には、「直径15～20cm程度、深さは不透水層を貫通する程度……（中略）……良質の完熟堆肥や礫などで埋め戻す。穴の中心部に割竹を挿入すればさらに通気透水性を高める効果が期待できる」と記されています。

農業現場などで実践されている「大地の再生」では、この縦穴（「点穴」とも呼ばれる）と横溝を連携させることで、さらなる通気透水性の促進を図ります。この手法で劇的に土壌の排水性が改善された事例が各地で報告されていますが、その詳しいメカニズムは解明されていません。ここでは仮説の範囲ですが、流体力学の視点からその仕組みを考えてみます。

縦穴。中には、土留めと水・空気のガイド役として割竹などを入れる（編集部撮影）

縦穴が空気の渦を発生させる

まず、縦穴や横溝を作れば地面の表面積が増えます。大気と地中との境界面が増えれば、地中の空気に少なからず刺激を与えます。

また、縦穴に流入する空気の流れは直線的ではなく、渦を巻いて回転しています。コーヒーポットからゆっくりと注ぐ

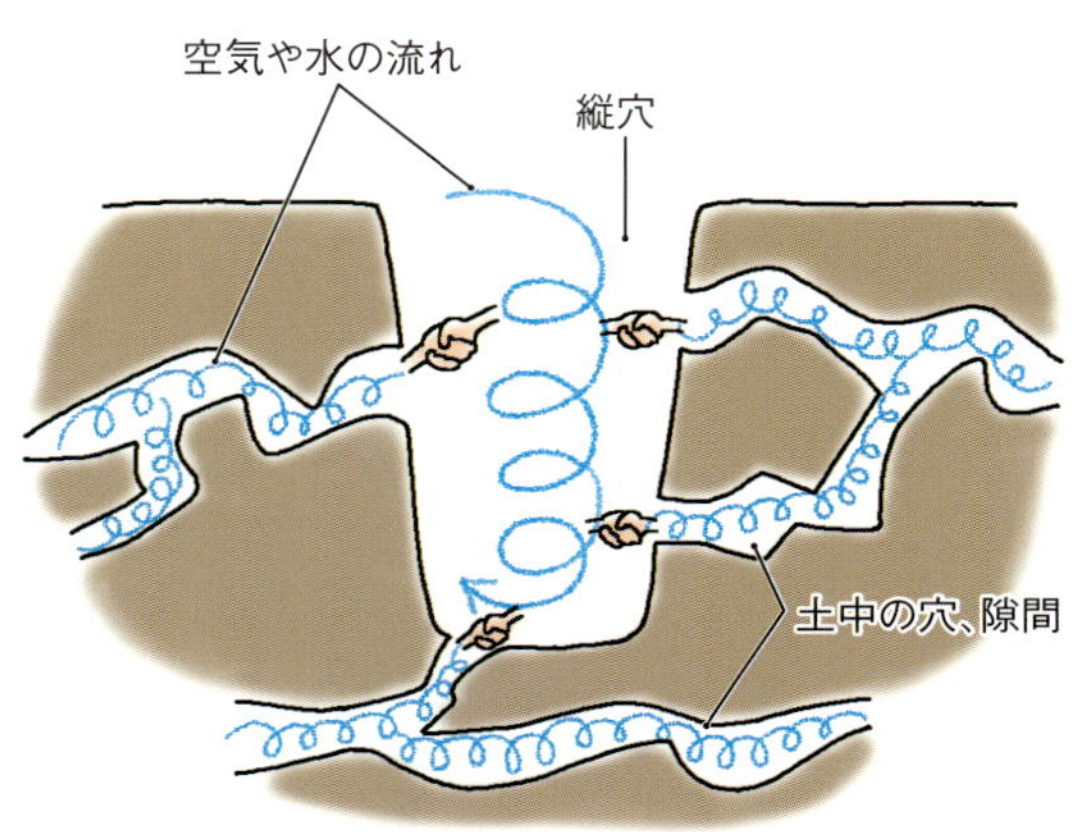

縦穴に流れ込む流体（空気や水）は渦を巻いており、土中の隙間の流体と親和性・連動性を高めてお互いを動かそうとする駆動力が大きくなる

お湯、あるいはお風呂の栓を抜いたときのお湯が渦を巻くのと同じです。

一方、土壌中の空気もじつは渦を巻いています。モグラやアリ、ミミズによって作られた穴や、亀裂は直線的ではなく、細かったり、太かったりと変化に富んでいます。そこを通る水や空気もやはり渦を巻いているのです。

大気と土中で渦を巻いた流体は、互いに親和性・連動性を高めます。渦を巻く分だけ、流体同士が接する時間が長くなり、お互いを動かそうとする駆動力が大きくなります。こうして、土中の空気や水が一気に動き出すと考えられます（上図）。

「大地の再生」では、横溝を掘るときに蛇行させせたり、横溝の底にも縦穴を設けて凹凸をつけたりします。これは表面水を直線的に流すよりも、各所で渦を発生させ、土中の空気や水との連動性を高めるためです。表面排水だけでなく、縦浸透や横浸透も促し、大地の通気透水性を高めているのです。

谷筋や斜面の底は水循環のツボ

縦穴や横溝による「大地の再生」の影響範囲は、施工した農地に留まらず、流域全体に及ぶと考えられます。等高線が記載された地図を眺めると、水（地表水と地下水）の集まる領域が見えてきます。多くは、谷筋や斜面の底の部分です。この水の集中する部分は、人間でいうとツボに相当します。疲れて血流が悪いとき、ツボを刺激すると気持ちがいい。血流がよくなるからです。大地も同様に、ツボの通気透水性を改善すれば、脈々とつながる地表水と土中水を循環させることができます。

例えば、法面の底の部分（法尻）も大地のツボに当たる部分で、ここにU字溝を施すことがあります。地表水を排除し地面がじゅくじゅくにならないようにするためです。しかし、これが逆効果となる場合もあります。地表面の排水はできても、血管のように張り巡らされている土中水がU字溝の下で詰まって、周囲の土壌に漏れ出てしまうのです。

「大地の再生」では、あえてU字溝にドリルで穴を開けたり、つなぎ目のモルタルをわざとスカスカにするなどします。大気と土壌の空気と水の連動性を高め、ツボをほぐすのです。

動植物の生命が蘇生し、好循環が波及する

田畑でも樹園地でも、おもに根の張る領域（根圏）は地表面から深さ数十cmであり、その根圏は水と空気が共存する不飽和な状態です。不飽和状態の土壌水は大気とつながっており、健康な土壌であれば、土中の空気と大気との循環は活発に行なわれます。水も空気も常に新鮮で、根の呼吸が活発にできるため、植物は健全性を保ちます。

縦穴による通気透水性の改善は、植物や根圏微生物、土壌動物の生命の蘇生につながり、それらが土の中でネットワークを組むことで、空気や水の循環がさら

に活発化します。点が線となり、線が面となって効果が広がっていくのです。「盆栽」のような小さな空間でも、「庭」「農地」「流域」といったスケールアップした空間でも、土壌の物質循環が動植物の生命を維持し、その好循環が領域全体へと波及していく機能は変わりません。水も空気も流体です。これらの運動はスケールによらず相似するという流体力学の原則に従うためです。

法面背部の土中水の動き（流線網イメージ図）

法尻（大地のツボ）に土中水の流線が集中し、地表水も法尻に集まる。
（イ）のように、地表水のみを排除するU字溝は土中水を停滞させる。

—：流線（土中水の移動軌跡）
—：等ポテンシャル線（土中水のエネルギーの等しい点を結んだ線）

（ア）U字溝なし

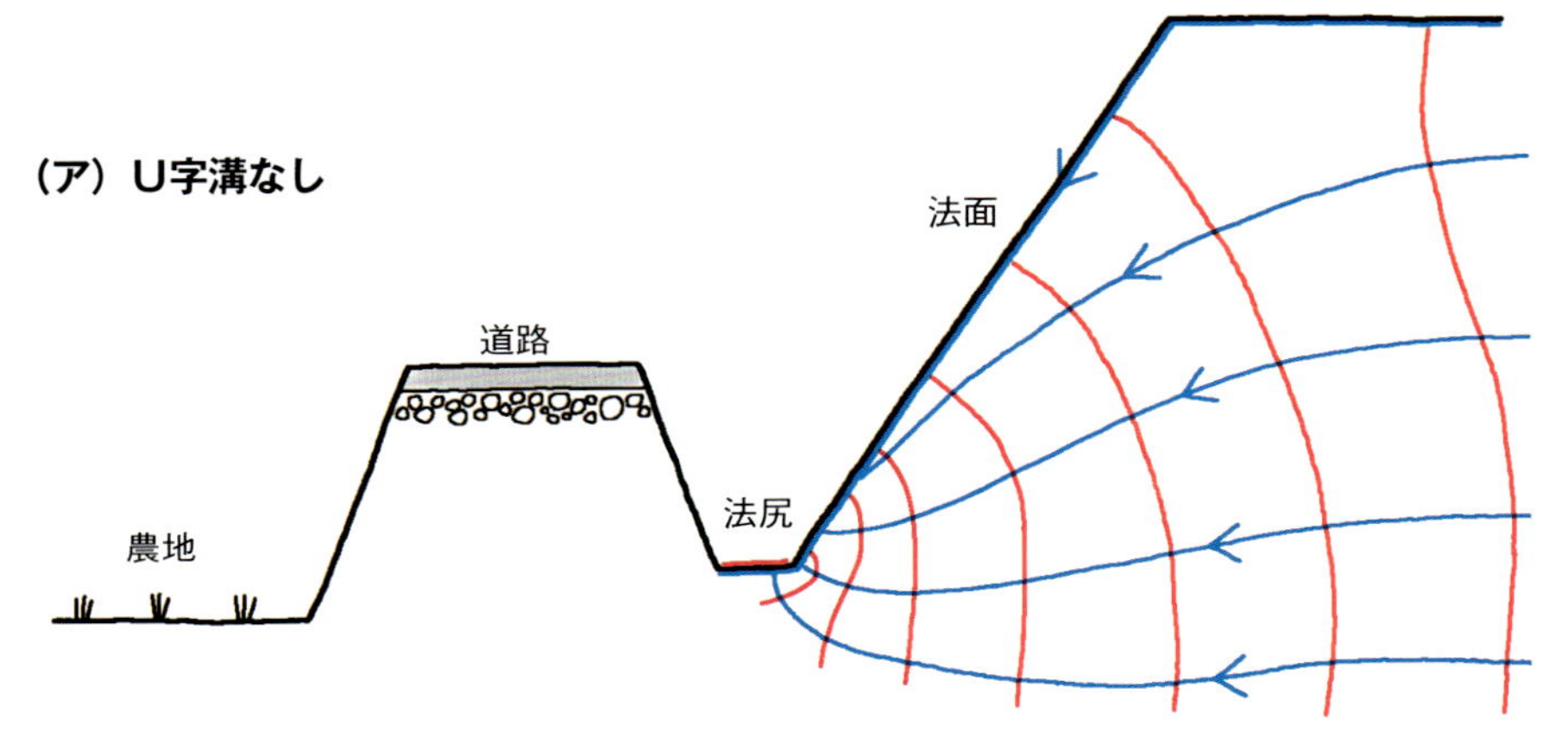

法尻にU字溝を設けていない。土中水は等ポテンシャル線と直角に交わるように流れるので、法尻部は通気透水性が高い

（イ）U字溝あり

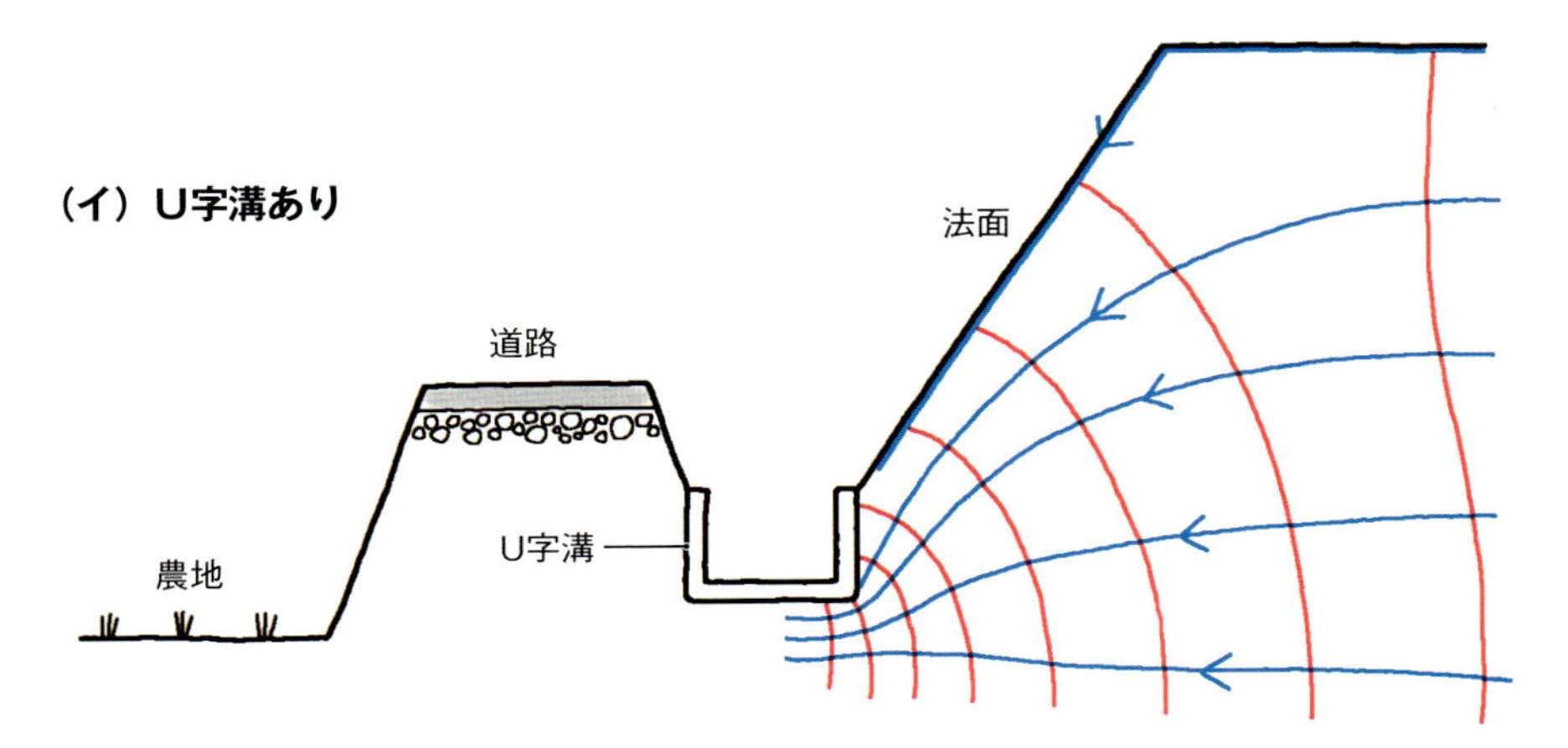

法尻にU字溝を設置。U字溝の底部に土中水が集まる。しかし、一般的にU字溝底部は締め固めて透水性が低く、土中水が滞る。このため、法面周辺の植生衰退や、大雨の際の崩壊の危険性が高まる

地下かんがいで酸素濃度が高まり収量増

縦穴の効果を示す具体的な試験結果を紹介しましょう。排水不良水田において、暗渠の両端に1本ずつ立ち上がり管（縦穴）を持った地下かんがいの効果を調べたデータです。

1枚を試験区（地下かんがい）、もう1枚を対照区（従来型の暗渠排水。立ち上がり管なし）として、土壌環境と水稲の収量を比較検討しました。左の図は、地下かんがい水田における土壌酸素濃度の推移です。7月29日から9月30日までの測定期間中、試験区の土壌酸素濃度は32％高かったことがわかりました。

従来型の暗渠排水田では、中干し後は8月末まで水閘を閉めて水管理するため、空気の流通はよくありません。一方、地下かんがいでは立ち上がり管のフタを開いたままにし、地下水位を20㎝に保って管理しました。このとき立ち上がり管内では、空気や水が常にゆっくり動いています。土壌中の隙間にある流体もこれに呼応し、大気中から常に新鮮な空気が送り込まれていると考えられます。

こうして水稲の根に十分な酸素が送られたことが、収量増加の一因と考えます（左表）。豊作年である2016年の収量差は5％でしたが、イネ刈り直前（9月25、26日）に雨のない台風（とくに夜間の熱風）に見舞われ、多くの圃場で葉焼けが発生した15年の収量差は、約14％ありました。

空気や水を積極的に土中へと送り込む稲作の継続で、根の健全性を保ち、作物の生育環境が向上することが期待されます。

地下かんがいと従来型の暗渠排水田での作土の酸素濃度（2016年）

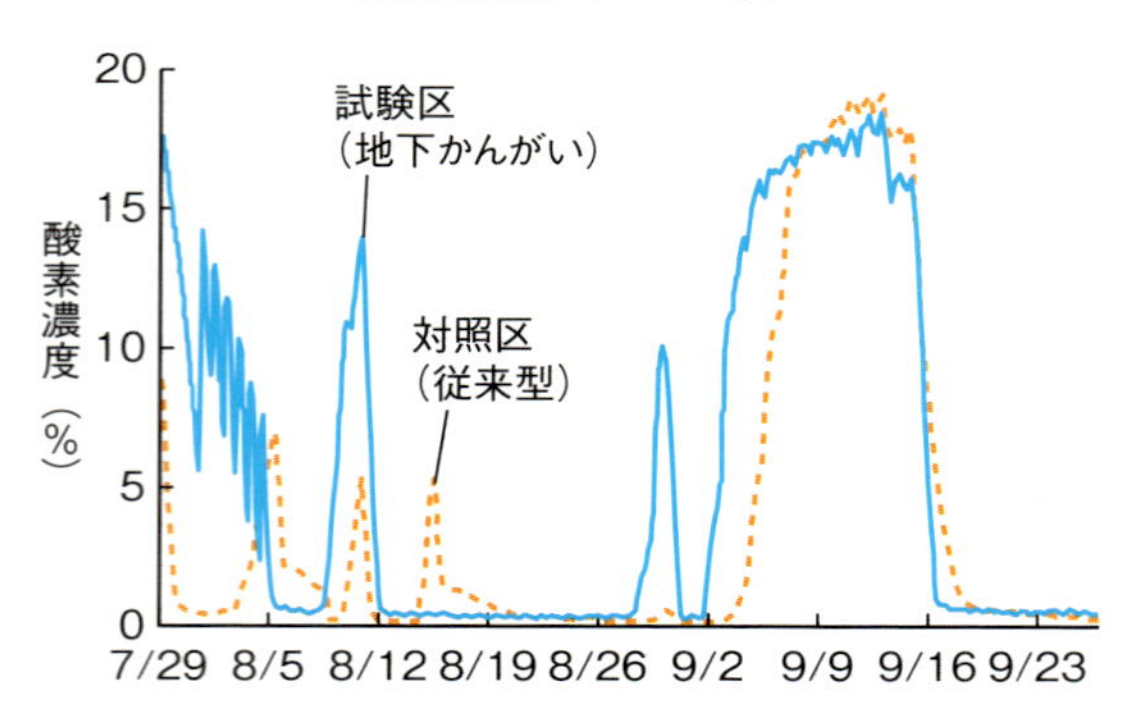

隣り合わせの水田で、協力農家が同じ栽培法で管理した。7月中旬の中干し後、8月初旬の出穂時に水を張り、その後8月末まで対照区は間断かん水、試験区は地下20㎝の水位を保った

かんがい法の異なる水稲栽培の収量
（品種：いただき）

西暦	かんがい方法	収量（kg/10a）
2015	地下かんがい（試験区）	610
	従来型の暗渠排水（対照区）	527
2016	地下かんがい（試験区）	790
	従来型の暗渠排水（対照区）	750

地下かんがいとは？

田んぼの暗渠を利用し、用水を引き込んで地下から給水もできるようにする仕組み。水口・水尻に立ち上がり管を設置し、湛水深も地下水位も調節できる機能を持つ。なお、落水の際は水口の立ち上がり管から大気を導くことができるため、迅速に地下水位を下げられる。

＊農家が自主施工できる地下かんがいについては、2008年12月号を参照。

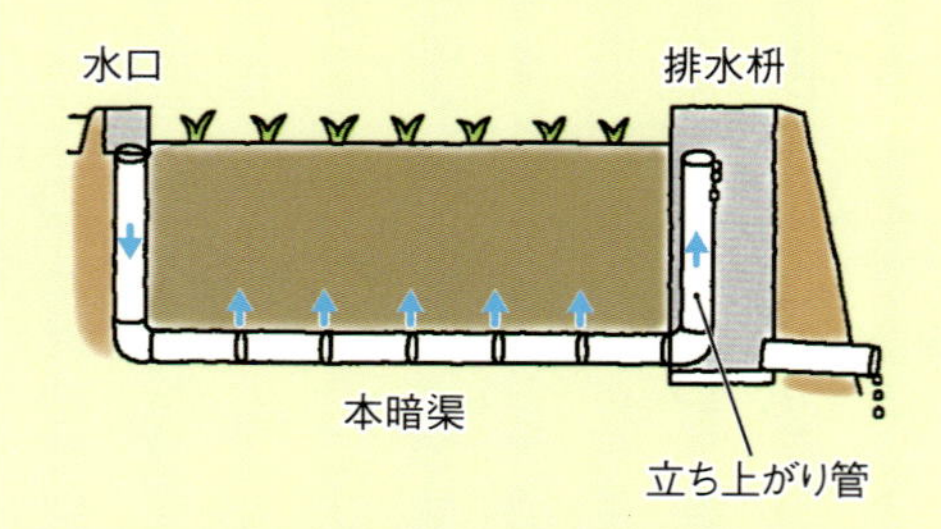

地下かんがいの仕組み。排水枡の立ち上がり管の長さを変えることで、水位を調節する

掲載記事初出一覧（すべて月刊『現代農業』より）

本書は『別冊 現代農業』2024年4月号を単行本化したものです。

※執筆者・取材対象者の住所・姓名・所属先・年齢等は記事掲載時のものです。

撮　影
赤松富仁
江平龍宣
大浦佳代
倉持正実
田中康弘
依田賢吾

本文イラスト
アルファ・デザイン

本文デザイン
川又美智子

農家が教える
田畑の排水術
縦穴、明渠・暗渠、大地の再生編

2024年9月15日　第1刷発行

農文協　編

発行所　一般社団法人　農山漁村文化協会
郵便番号 335-0022 埼玉県戸田市上戸田2丁目2-2
電話 048(233)9351(営業)　048(233)9355(編集)
FAX 048(299)2812　振替 00120-3-144478
URL https://www.ruralnet.or.jp/

ISBN978-4-540-24134-5　DTP製作／農文協プロダクション
〈検印廃止〉　印刷・製本／TOPPANクロレ㈱